Java 資料科學
科學與工程實務方法

Data Science with Java

Michael R. Brzustowicz, PhD　著

楊尊一　譯

O'REILLY®

這本書獻給我的共同創辦人與我們的兩個新創事業。

目錄

前言

資料科學由數學與計算機科學的多種子領域組成。統計、線性代數、資料庫、機器智慧、資料視覺化是資料科學領域所融合的部分主題。資料科學實務工具與技術的發展非常快。本書專注於以 Java 物件導向程式實作核心基本概念。在啟發你著手進行資料科學實務的同時,我也希望能夠引導你打造下一代的資料科學技術。

本書讀者

本書的對象是已經熟悉應用程式開發的科學家與工程師,內容涵蓋資料科學程序、數學理論以及程式範例。這本書是深入研究的起點。

寫作動機

我寫這本書是為了推動。資料科學由 R 與 Python 推動,僅少數人探索 Java 領域。解譯語言顯然是主流資料工具,但還有工程與科學領域對擴展性、可靠性、方便性的需求,Java 或許是一個答案。若本書能帶給你啟發,我希望你會對支援資料科學的開源 Java 專案做出貢獻。

對現今資料科學的看法

資料科學持續變化中,不僅是範圍,還包括實作方式。技術演變非常快,主流演算法來去以年甚或是月計。長久以來的標準化做法被實務淘汰,而成功方案經常受到量化科學領域之外的人的干擾。資料科學已經是一門大學科系。未來要成功只有一個辦法：認識數學、程式設計、重要主題。

導讀

這本書依資料科學程序的邏輯安排。第一章討論取得、清理、安排資料成最純形式的多種方法，包括基本資料輸出。第二章討論視資料為矩陣的重要概念，包括矩陣操作。取得資料並知道應該採用的格式後，第三章介紹檢驗資料的基本概念。第四章使用第二章與第三章的概念將資料轉換成穩定可用的數值。第五章討論監督式與非監督式學習演算法以及評估方法。第六章使用適用於資料科學演算法的自定元件安裝與執行 MapReduce。附錄 A 說明一些實用資料集。

本書編排慣例

本書以下列各種字體來達到強調或區別的效果：

斜體字（*Italic*）

　　代表新名詞、網址 URL、電子郵件、檔案名稱及檔案屬性。中文以楷體表示。

定寬字（`Constant width`）

　　用於標示程式碼，或是在本文段落中標註程式片段，如變數或函式名稱、資料庫、資料型別、環境變數、陳述式、關鍵字等等。

定寬粗體字（**`Constant width bold`**）

　　標示指令或其他由使用者輸入的文字。

定寬斜體字（*`Constant width italic`*）

　　標示應以使用者輸入或是依前後文決定內容來取代的文字。

　　這個圖示代表提示或建議。

　　這個圖示代表一般註解。

這個圖示代表警告或需要特別注意的地方。

使用範例程式

本書的程式碼範例可於 *https://github.com/oreillymedia/Data_Science_with_Java* 取得。

本書的目的為協助你完成工作。一般而言,你可以在自己的程式或文件中使用本書的範例程式碼,除非重製了程式碼中的重要部分,否則無需聯絡我們。例如,為了撰寫程式而使用了本書中的數個程式碼區塊,這樣無需取得授權,但是將書中的範例製作成光碟並銷售或散佈,則需要取得授權。此外,在回覆問題時引用了本書的內容或程式碼,同樣無需取得授權,但是把書中大量範例程式放到你自己的產品文件中,就必須要取得授權。

雖然沒有強制要求,但如果你在引用時能標明出處,我們會非常感激。出處一般包含書名、作者、出版社和 ISBN。例如:「*Data Science with Java* by Michael Brzustowicz (O'Reilly). Copyright 2017 Michael Brzustowicz, 978-1-491-93411-1」。

假如不確定自己使用範例程式的程度是否會導致侵權,歡迎隨時聯絡我們:*permissions@oreilly.com*。

致謝

感謝歐萊禮的編輯 Nan Barber 與 Brian Foster 在過程中的協助。

還要感謝歐萊禮的同仁:Melanie Yarbrough、Kristen Brown、Sharon Wilkey、Jennie Kimmel、Allison Gillespie、Laurel Ruma、Seana McInerney、Rita Scordamalgia、Chris Olson、Michelle Gilliland。

感謝 Dustin Garvey、Jamil Abou-Saleh、David Uminsky、Terence Parr 的技術建議與審核。

第一章

資料 I/O

事件持續在我們周遭發生。我們通常在特定時間點與空間記錄離散事件，然後將某人（或某物）以各種格式所做的記錄定義為資料。作為資料科學家，我們在檔案、資料庫、網路服務上運用資料。通常有人克服種種困難定義出精確描述所有變數的名稱、類型、範圍、關係的資料格式或模型，但不一定能以指定格式獲取資料。真實的資料（甚至是經過設計的資料庫）經常帶有缺漏、拼寫錯誤、不正確的格式、重複值，以及最糟的狀況：多個變數連在一起。雖然你可以實作機器學習演算法並產生精美的圖表，但資料科學中最重要與最耗時的部分是準備資料並確保其正確性。

資料是什麼？

你的終極目標是從來源讀取資料，透過統計分析或學習減少資料，然後展示學習到的某種知識，通常是以圖表的方式呈現。但就算結果是加總、個別使用者或數量等單一值，你還是必須依循相同的程序：輸入資料→還原分析→輸出資料。

實務資料科學是由商業需求驅動，因此從右向左檢視此程序是有利的。首先將你嘗試回答的問題正規化。舉例來說，你需要依地區列出最常使用者、預測下一週的日營業額或庫存項目分類圖表嗎？接下來探索可回答問題的分析鏈。最後，決定採用的方法後，需要什麼資料來達成這個目標？你可能會發現沒有所需的資料。通常你會發現（比原來想象）較簡單的工具就能產生所需的輸出。

這一章探索從各種資料來源讀寫資料的細節。每個次步驟需要什麼資料模型是很重要的問題。或許建構一系列數值陣列型別（例如 double[][]、int[]、String[]）就足以保存資料。另一方面，建構容器類別來保存每一組資料，然後產生這些物件的 List 或

Map 可能會比較好。還有一種資料模型是將每一筆記錄做成 JavaScript Object Notation（JSON）文件中的鍵值對。資料模型的選擇大部分依後續資料消耗程序的輸入需求而定。

資料模型

進來的資料是什麼格式？要轉換成什麼格式才能送出？假設 somefile.txt 內有 id、year、city 資料列。

單變量陣列

此時最簡單的資料模型是建構 id、year、city 三個變數的一系列陣列：

```
int[] id = new int[1024];
int[] year = new int[1024];
String[] city = new String[1024];
```

BufferedReader 會逐行讀入檔案，遞增計數以將值加到陣列中。此資料模型或許適合已知維度的乾淨資料（clean data），程式最後產生一個可執行的類別。將此資料餵給各種統計分析或學習演算法很簡單。但你或許會想要將程式模組化，並建構適合各種資料來源與資料模型的類別與方法。在這種情況下，必須改變現有方法以適應新參數時處理陣列會很麻煩。

多變量陣列

此時你想要每一列保存一筆記錄的所有資料，但它們必須是相同型別！在這種情況下，只有將城市指定為整數值才可行：

```
int[] row1 = {1, 2014, 1};
int[] row2 = {2, 2015, 1};
int[] row3 = {3, 2014, 2};
```

你也可以將它做成二維陣列：

```
int[][] data = {{1, 2014, 1}, {2, 2015, 1}, {3, 2014, 2}};
```

一開始的資料集可能是複雜的資料模型，或者混合了文字、整數、雙精度與日期時間。理想中，在你找出什麼資料會進入統計分析或學習演算法後，此資料會轉換成雙精度二維陣列。但這需要相當多的工作。一方面，機器學習處理資料矩陣很方便，另一方面，你可能不知道遺漏或產生了什麼錯誤。

資料物件

另一個選項是建構容器類別然後產生該容器的 List 或 Map 集合。優點是它能集中特定記錄的值，且加入新成員到類別中而不會破壞以該類別為參數的方法。somefile.txt 檔案中的資料可以下列類別表示：

```
class Record {
    int id;
    int year;
    String city;
}
```

盡可能保持類別的輕量化，因為這些類別的集合（List 或 Map）會累積成巨大的資料集！操作 Record 的任何方法可以是其類別內命名類似 RecordUtils 的靜態方法。

集合結構 List 用於保存所有 Record 物件：

```
List<Record> listOfRecords = new ArrayList<>();
```

以 BufferReader 讀取資料檔案，解析每一行並將內容儲存在新的 Record 實例中，然後將新的 Record 實例加入 List<Record> listOfRecords。若需要一個鍵以快速的查詢與讀取個別 Record 實例，則使用 Map：

```
Map<String, Record> mapOfRecords = new HashMap<>();
```

每一筆記錄的鍵應該是獨特的，例如記錄的 ID 或 URL。

矩陣與向量

矩陣與向量是二維與一維陣列組成的高階資料結構。資料集通常帶有多個欄與列，我們可以說這些變數組成有 m 列與 n 欄的二維陣列（或矩陣）X。我們選擇 i 作為列索引，j 作為欄索引，使 $m \times n$ 矩陣的元素為 $x_{i,j}$

$$\begin{pmatrix} x_{1,1} & x_{1,2} & \cdots & x_{1,n} \\ x_{2,1} & x_{2,2} & \cdots & x_{2,n} \\ \vdots & \vdots & \ddots & \vdots \\ x_{m,1} & x_{m,2} & \cdots & x_{m,n} \end{pmatrix}$$

將值放到矩陣等資料結構會增加方便性。通常我們會對資料執行數學運算，矩陣實例可帶有執行這些運算的抽象方法，而實作細節則適用於目前的工作。第二章會深入討論矩陣與向量。

JSON

JavaScript Object Notation（JSON）是目前流行的資料表示形式。一般來說，JSON 資料以 *json.org* 的簡單規則表示：雙引號！後面沒有逗號！JSON 物件外層有大括弧，包含以逗號分隔的任意組數鍵值對（不保證內容的順序，因此要視為 HashMap 型別）：

```
{"city":"San Francisco", "year": 2020, "id": 2, "event_codes":[20, 22, 34, 19]}
```

JSON 陣列外層有方括號，裡面是以逗號分隔的有效 JSON（保證陣列內容的順序，因此要視為 ArrayList 型別）：

```
[40, 50, 70, "text", {"city":"San Francisco"}]
```

你會發現兩種主要類型。有些資料檔案帶有完整的 JSON 物件或陣列，通常是組態檔案。但另一種常見的資料結構是每一行一個獨立 JSON 物件的文字檔案。請注意，這種資料結構（JSON 資料列）技術上並非 JSON 物件或陣列，因為行之間沒有括弧或逗號，所以將整個資料結構當做一個 JSON 物件（或陣列）解析會失敗。

處理真實資料

真實資料混亂、不完整、不正確有時還不一致。若你操作的是 "完美" 的資料集，那是因為別人花了時間整理好。事實上你的資料很有可能不完美，而你分析的是垃圾資料。唯一可以確定的辦法是自行從來源取得資料並加以處理。如此，若有錯誤，你會知道誰該負責。

空

空值以各種形式出現。若資料在 Java 中傳遞，則有可能帶有 null。若解析來自文字檔案的字串，null 可能以 "null"、"NULL"、"na" 等各種文字或句號表示。不論是哪一種（空型別或空文字），我們都必須處理：

```java
private boolean checkNull(String value) {
    return value == null || "null".equalsIgnoreCase(value);
}
```

空值通常記錄為空白或一系列空白。雖然這有時候很討厭，但它有多種用途，因為編成 0 不一定適合表示不存在的資料。舉例來說，若要記錄 0 與 1 的二進位資料，而有個項目的值不知道，指派值為 0（並寫入檔案中）可能會導致錯誤指派了實際上的負值。將空值寫入檔案時，我偏好零長度字串。

空白

實際資料有大量的空白。以 String.isEmpty() 方法檢查空字串很簡單，但要注意空白字串（甚至是一個空白）並非空！首先我們使用 String.trim() 方法刪除輸入值前後的空白，然後檢查它的長度。String.isEmpty() 僅於字串長度為零時回傳 true：

```
private boolean checkBlank(String value) {
    return value.trim().isEmpty();
}
```

解析錯誤

知道字串值並非空或空白後，將它解析成我們需要的型別。我們會排除將字串解析成字串，因為這並沒有東西要解析！

處理數值時，將字串轉換成 double、int 或 long 等原始型別是不智的。建議使用 Double、Integer 或 Long 等物件包裝類別，它們具有字串解析方法，能在有問題時拋出 NumberFormatException。我們可以捕捉此例外並更新解析錯誤計數。也可以輸出或記錄此錯誤：

```
try {
    double d = Double.parseDouble(value);
    // 處理 d
} catch (NumberFormatException e) {
    // 遞增解析錯誤計數等
}
```

同樣的，日期時間格式的字串可用 OffsetDateTime.parse() 方法解析；輸入字串有問題時捕捉 DateTimeParseException 並記錄錯誤：

```
try {
    OffsetDateTime odt = OffsetDateTime.parse(value);
    // 處理 odt
} catch (DateTimeParseException e) {
    // 遞增解析錯誤計數等
}
```

異常值

清理與解析資料後，可以檢查值是否符合需求。若預期值為 0 或 1 但收到 2，則該值明顯超出範圍，可以標示此資料點為異常值。如同空與空白，我們可以對值執行布林測試以判斷是否在可接受的值範圍內。這對數值、字串與日期都適用。

檢查數值範圍時，必須知道可接受的最大與最小值與是否包含界限值。舉例來說，若設定 minValue = 1.0 且 minValueInclusive = true，大於或等於 1.0 的值都能通過檢查。若設定 minValueInclusive = false，則只有大於 1.0 的值會通過檢查：

```
public boolean checkRange(double value) {
    boolean minBit = (minValueInclusive) ? value >= minValue : value > minValue;
    boolean maxBit = (maxValueInclusive) ? value <= maxValue : value < maxValue;
    return minBit && maxBit;
}
```

類似方法可用於整數型別。

我們也可以設定列舉字串以檢查字串值是否在可接受範圍內。這可以透過建立稱為 validItems 有效字串的 Set 實例，以 Set.contains() 方法檢查輸入值是否有效：

```
private boolean checkRange(String value) {
    return validItems.contains(value);
}
```

對 DateTime 物件，我們可以檢查日期是否在範圍內。在這種情況下，定義 OffsetDateTime 的最大與最小值，然後測試輸入日期時間是否介於最大與最小之間。請注意，範圍不包括 OffsetDateTime.isBefore() 與 OffsetDateTime.isAfter()。若輸入的日期時間等於最大或最小則不會通過測試。程式如下：

```
private boolean checkRange(OffsetDateTime odt) {
    return odt.isAfter(minDate) && odt.isBefore(maxDate);
}
```

管理資料檔案

資料科學的藝術就在這裡！如何建構資料集不只關於效率，還要有彈性。讀寫檔案有很多選項。至少整個檔案可以使用 FileReader 的實例讀入成 String 型別，然後 String 可以再解析成資料模型。對較大的檔案可以使用 BufferedReader 逐行讀取以避免 I/O 錯誤。這種策略是讀一行解析一行，僅保存必要的值並產生資料結構。若每一行有 1000

個變數且只需要其中的三個，則沒有必要全部保存。同樣的，若某一行的資料不合需求，則也無需保存。對較大的資料集，這麼做比讀取所有行到字串陣列（String[]）並於之後解析更節省資源。管理資料檔案的步驟越深思熟慮越好。後續的統計、學習、製作圖表都與建構資料集的決定有關。"垃圾進，垃圾出" 這個格言絕對適用於此。

先認識檔案內容

資料檔案的格式有很多種，有些帶有不理想的特質。ASCII 檔案內容為 ASCII 字元組成的行，沒有規定數字的格式或精度、字串的使用或雙引號，或包含（或排除）空白、空與換行字元。總而言之，無論如何假設檔案內容，行內還是有可能包含任何東西。以 Java 讀取檔案前，先以文字編輯器或命令列看過。請注意，每個項目的數字、位置、與型別。仔細檢視缺值或空值如何表示。還要注意分隔與描述資料的表頭的形式。若檔案很小，可以用肉眼掃描缺漏與錯誤格式。舉例來說，可以用 Unix 的 bash 的 less 命令檢視 somefile.txt 檔案：

```
bash$ less somefile.txt

"id","year","city"
1,2015,"San Francisco"
2,2014,"New York"
3,2012,"Los Angeles"
...
```

我們看到逗號分隔（CSV）資料集，具有 id、year、city 欄。可以快速的檢查檔案的行數：

```
bash$ wc -l somefile.txt
1025
```

這表示有 1024 行資料與一行表頭。還有其他格式，例如以 tab 分隔的值（TSV）、所有值接在一起的 "大字串" 格式及 JSON。對較大的檔案，可以檢視前 100 或其他數量的行並輸出到樣本檔案供開發使用：

```
bash$ head -100 filename > new_filename
```

在某些情況下，資料檔案太大以至於無法以肉眼掃描結構或錯誤。1000 欄的資料檔案明顯很難檢視！同樣的，不可能從百萬行資料中找出錯誤。在這種情況下，基本上你會有描述欄格式與資料型別（例如整數、浮點數、文字）的資料字典。你可以用程式在解析檔案時檢查每一行資料；可能會拋出例外並輸出有問題行的內容以供你檢查。

讀取文字檔案

讀取文字檔案的一般方法是建構以 BufferedReader 包圍 FileReader 實例以逐行讀取。此處的 FileReader 取用 String 檔名參數，但 FileReader 也可以取用 File 物件作為參數。File 物件在檔名與路徑相依作業系統時很有用。以下是以 BufferedReader 逐行讀取檔案的通用形式：

```java
try(BufferedReader br = new BufferedReader(new FileReader("somefile.txt")) ) {
    String columnNames = br.readline(); // 只能在它存在時如此做
    String line;
    while ((line = br.readLine()) != null) {
        /* 解析每一行 */
        // TODO
    }
} catch (Exception e) {
    System.err.println(e.getMessage()); // 或記錄錯誤
}
```

若檔案存在與遠端也可以執行相同的工作：

```java
URL url = new URL("http://storage.example.com/public-data/somefile.txt");
try(BufferedReader br = new BufferedReader(
    new InputStreamReader(url.openStream())) ) {
    String columnNames = br.readline(); // 只能在它存在時如此做
    String line;
    while ((line = br.readLine()) != null) {
        // TODO：解析每一行
    }
} catch (Exception e) {
    System.err.println(e.getMessage()); // 或記錄錯誤
}
```

我們只需思考如何解析每一行。

解析大字串

以每一列都是多個值連接的 "大字串"，而特定變數子字串以起點與終點位置編碼的檔案為例：

```
0001201503
0002201401
0003201202
```

前四位數是 id，接下來四位數是 year，最後兩位數是 city 編號。要記得每一行可數到千個字元長，而字元子字串的位置很重要。通常數字前面會補零，空白會以空值表示。請注意，浮點數（例如 32.456）的小數點如同其他 "奇怪" 的字元一樣會佔用一個空間！文字字串有時會編碼成值，例如 New York = 01，Los Angeles = 02，and San Francisco = 03。

此例中，每一行中的值可透過 String.substring(int beginIndex, int endIndex) 方法存取。請注意，子字串從 beginIndex 開始到 enIndex（不含）結束：

```
/* 解析每一行 */
int id = Integer.parseInt(line.substring(0, 4));
int year = Integer.parseInt(line.substring(4, 8));
int city = Integer.parseInt(line.substring(8, 10));
```

解析分隔字串

試算表與資料庫匯出的資料很有可能是 CSV 資料集。解析這種檔案不容易！以 CSV 格式的範例資料為例：

```
1,2015,"San Francisco"
2,2014,"New York"
3,2012,"Los Angeles"
```

我們只需以 String.split(",") 解析並使用 String.trim() 來刪除前後的空白。還需要以 String.replace("\", "") 刪除前後的引號：

```
/* 解析每一行 */
String[] s = line.split(",");
int id = Integer.parseInt(s[0].trim());
int year = Integer.parseInt(s[1].trim());
String city = s[2].trim().replace("\"", "");
```

下面的範例將 *somefile.txt* 中的資料以 tab 分隔：

```
1       2015            "San Francisco"
2       2014            "New York"
3       2012            "Los Angeles"
```

分割 tab 分隔的資料可透過替換前面的範例的 String.split(",") 的參數來執行：

```
String[] s = line.split("\t");
```

有時會遇到欄中帶有逗號的 CSV 檔案。一個例子是部落格中的文字，另一個例子是反正規化欄的資料 - 例如 "San Francisco, CA" 而非城市與州各一欄。這相當麻煩且需要動用 regex（正規表示式）。何不使用 Apache Commons CSV 解析函式庫？

```
/* 解析每一行 */
CSVParser parser = CSVParser.parse(line, CSVFormat.RFC4180);
for(CSVRecord cr : parser) {
    int id = cr.get(1); // 欄從 1 而非 0 開始
    int year = cr.get(2);
    String city = cr.get(3);
}
```

Apache Commons CSV 函式庫還可以處理 *CSVFormat.EXCEL*、*CSVFormat.MYSQL*、*CSVFormat.TDF* 等格式。

解析 JSON 字串

JSON 是 JavaScript 物件序列化的協定，可擴充各種型別的資料。此精簡、易讀的格式常用於網際網路資料 API（特別是 RESTful 服務）且是 MongoDB 與 CouchDB 等多種 NoSQL 方案的標準格式。PostgreSQL 資料庫的 9.3 版提供 JSON 資料型別並能夠查詢原生 JSON 欄。其明顯的好處是肉眼可讀；資料結構相對易讀，透過 "美化輸出" 會更好讀。在 Java 中，JSON 不過就是 HashMaps 與 ArrayLists 的集合，可以任何組態套疊。前面範例的每一行資料可加上鍵 - 值對而格式化成為 JSON 字串；字串要放在雙引號（非單引號）中且後面不能有逗號：

```
{"id":1, "year":2015, "city":"San Francisco"}
{"id":2, "year":2014, "city":"New York"}
{"id":3, "year":2012, "city":"Los Angeles"}
```

請注意，整個檔案本身在技術上並非是個 JSON 物件，解析整個檔案會失敗。合法的 JSON 格式每一行必須以逗號分開並全部包在方括號中，如此會組成一個 JSON 陣列。然而，撰寫這種結構沒有效率且不實用。現在這樣反而比較方便：逐行堆起以字串表示的 JSON 物件。請注意，JSON 解析程序並不知道鍵值對中值的型別，因此要取得 String 表示再用 box 方法解析成原始型別。接下來建構資料集就很簡單，使用 org.simple.json：

```
/* 在 while 迴圈外建構 JSON 解析程序 */
JSONParser parser = new JSONParser();
...

/* 轉換解析過的字串以建構物件 */
```

```
JSONObject obj = (JSONObject) parser.parse(line);
int id = Integer.parseInt(j.get("id").toString());
int year = Integer.parseInt(j.get("year").toString());
String city = j.get("city").toString();
```

讀取 JSON 檔案

這一節討論字串化 JSON 物件或陣列的檔案。你應該事先就知道檔案是否為 JSON 物件或陣列。舉例來說,若從命令列使用 ls 檢視檔案,你應該能夠分辨它是否有大括弧(物件)或方括號(陣列):

```
{{"id":1, "year":2015, "city":"San Francisco"},
 {"id":2, "year":2014, "city":"New York"},
 {"id":3, "year":2012, "city":"Los Angeles"}}
```

然後使用 Simple JSON 函式庫:

```
JSONParser parser = new JSONParser();
try{
    JSONObject jObj = (JSONObject) parser.parse(new FileReader("data.json"));
    // TODO:使用 jObj
} catch (IOException|ParseException e) {
    System.err.println(e.getMessage());
}
```

若它是個陣列:

```
[{"id":1, "year":2015, "city":"San Francisco"},
 {"id":2, "year":2014, "city":"New York"},
 {"id":3, "year":2012, "city":"Los Angeles"}]
```

則可以解析整個 JSON 陣列:

```
JSONParser parser = new JSONParser();
try{
    JSONArray jArr = (JSONArray) parser.parse(new FileReader("data.json"));
    // TODO:使用 jObj
} catch (IOException|ParseException e) {
    System.err.println(e.getMessage());
}
```

 若檔案是每一行一個 JSON 物件,則檔案技術上並非合法的 JSON 資料結構。讀取檔案與逐行解析 JSON 物件見 "讀取文字檔案" 一節。

讀取影像檔案

使用影像作為學習輸入時，必須將影像格式（例如 PNG）轉換成合適的資料結構，例如矩陣或向量。有很多部分要考慮。首先，影像是二維陣列，具有座標 $\{x_1, x_2\}$ 與相關聯的顏色或亮度值 $\{y_1...\}$，它們可儲存成單一整數值。若只需要儲存在 2D 整數陣列（data）中的原始值，則如此讀入影像：

```java
BufferedImage img = null;
try {
    img = ImageIO.read(new File("Image.png"));
    int height = img.getHeight();
    int width = img.getWidth();
    int[][] data = new int[height][width];
    for (int i = 0; i < height; i++) {
        for (int j = 0; j < width; j++) {
            int rgb = img.getRGB(i, j); // 負值
            data[i][j] = rgb;
        }
    }
} catch (IOException e) {
    // 處理例外
}
```

我們可能需要將整數進行位元位移，以轉換成 RGB（紅、藍、綠）分量：

```java
int blue = 0x0000ff & rgb;
int green = 0x0000ff & (rgb >> 8);
int red = 0x0000ff & (rgb >> 16);
int alpha = 0x0000ff & (rgb >> 24);
```

但也可以如此取得該資訊：

```java
byte[] pixels = ((DataBufferByte) img.getRaster().getDataBuffer()).getData();
for (int i = 0; i < pixels.length / 3 ; i++) {
    int blue = Byte.toUnsignedInt(pixels[3*i]);
    int green = Byte.toUnsignedInt(pixels[3*i+1]);
    int red = Byte.toUnsignedInt(pixels[3*i+2]);
}
```

顏色也許不重要。或許真正需要的是灰階：

```java
// 轉換 0 到 255 階的 rgb 成灰階 (0 到 1)
double gray = (0.2126 * red + 0.7152 * green + 0.0722 * blue) / 255.0
```

還有，某些情況下不需要 2D 表示。將矩陣轉換成向量，連接矩陣的每一列到新的向量 使 x_n = x_1, x_2, ...，使向量長度 n 為 $m \times p$ 矩陣，也就是列數乘以欄數。在著名的手寫影像 MNIST 資料集中，資料已經被更正（置中與裁切）然後轉換成二進位格式。因此讀取該資料需要特殊格式（見附錄 A），但它已經是向量（1D）而非矩陣（2D）格式。對 MNIST 資料集的學習技術通常涉及這種向量化格式。

寫入文字檔案

將資料寫入檔案有個使用 FileWriter 類別的通用形式，但再次建議使用 BufferedWriter 以避免任何 I/O 錯誤。一般概念是將要寫入檔案的所有資料格式化成單一字串。對我們的範例的三個變數，可以手動執行加上所選擇的分隔（逗號或 \t）：

```
/* 對每一筆記錄 */
String output = Integer.toString(record.id) + "," +
Integer.toString(record.year) + "," + record.city;
```

使用 Java 8 時，String.join(delimiter, elements) 很方便！

```
/* in Java 8 */
String newString = String.join(",", {"a", "b", "c"});

/* 或輸入 Iterator */
String newString = String.join(",", myList);
```

不然可在廻圈中使用 Apache Commons Lang 的 StringUtils.join(elements, delimiter) 或原生的 StringBuilder 類別：

```
/* in Java 7 */
String[] strings = {"a", "b", "c"};

/* 建構 StringBuilder 並加入第一個成員 */
StringBuilder sb;
sb.append(strings[0]);

/* 略過第一個字串，因為已經加入了 */
for(int i = 1; i < strings.length, i++){
    /* 選擇分隔 ... 也可以使用 \t 或 tab */
    sb.append(",");
    sb.append(strings[i]);
}

String newString = sb.toString();
```

請注意，連續使用 myString += myString_part 會呼叫 StringBuilder 類別，因此也可以使用 StringBuilder（或不這麼做）。無論是哪一種，字串都是逐行寫入。要記得 BufferedWriter.write(String) 方法不會寫入換行！若要讓每一筆資料記錄獨立一行則必須加上 BufferedWriter.newLine()：

```
try(BufferedWriter bw = new BufferedWriter(new FileWriter("somefile.txt")) ) {
    for(String s : myStringList){
        bw.write(s);
        /* 不要忘記加上換行！ */
        bw.newLine();
    }
} catch (Exception e) {
    System.out.println(e.getMessage());
}
```

前面的程式會覆寫檔名指定檔案中現有資料。有些情況下你想要加入現有檔案。FileWriter 類別以預設為 false 的 append 欄位選擇。若要開啟檔案供加入下一行：

```
/* 設定 FileWriter 的 append 以保存現有資料並加入新資料 */
try(BufferedWriter bw = new BufferedWriter(
    new FileWriter("somefile.txt", true))) {
    for(String s : myStringList){
        bw.write(s);
        /* 不要忘記加上換行！ */
        bw.newLine();
    }
} catch (Exception e) {
    System.out.println(e.getMessage());
}
```

還有一個選項是使用包裝 BufferedWriter 的 PrintWriter 類別。PrintWriter 有個 println() 方法使用目前作業系統原生的換行字元，因此程式可以不用加上 \n。這麼做的好處是不用擔心加上這些討厭的換行字元。這在你於自己的電腦（以及 OS）上產生文字檔案時很有用。下面是使用 PrintWriter 的範例：

```
try(PrintWriter pw = new PrintWriter(new BufferedWriter(
    new FileWriter("somefile.txt"))) ) {
    for(String s : myStringList){
        /* 幫你加入換行！ */
        pw.println(s);
    }
} catch (Exception e) {
    System.out.println(e.getMessage());
}
```

這些方法都能操作 JSON 資料。使用 JSONObject.toSTring() 方法轉換 JSON 物件到 String 並將 String 寫入。寫入組態檔案等單一 JSON 物件很簡單：

```
JSONObject obj = ...

try(BufferedWriter bw = new BufferedWriter(new FileWriter("somefile.txt")) ) {
    bw.write(obj.toString());
}
} catch (Exception e) {
    System.out.println(e.getMessage());
}
```

建構 JSON 資料檔案（一系列 JSON 物件）時，迭代 JSONObject 集合：

```
List<JSONObject> dataList = ...

try(BufferedWriter bw = new BufferedWriter(new FileWriter("somefile.txt")) ) {
    for(JSONObject obj : dataList){
        bw.write(obj.toString());
        /* 不要忘記加上換行！ */
        bw.newLine();
    }
} catch (Exception e) {
    System.out.println(e.getMessage());
}
```

若檔案是要新增資料則不要忘記設定 FileWriter 的 append！設定 FileWriter 的 append 可於檔案後面加入更多的 JSON 記錄：

```
try(BufferedWriter bw = new BufferedWriter(
    new FileWriter("somefile.txt", true)) ) {
...
}
```

掌握資料庫操作

MySQL 等關聯式資料庫的堅實與彈性使其成為各種運用的理想技術。作為資料科學家，你很可能與更大的應用程式的關聯式資料庫互動，或者你會產生供資料科學群組使用的資料表。無論是哪一種，掌握命令列、結構化查詢語言（SQL）、與 Java Database Connectivity（JDBC）都是重要的技能。

命令列用戶端

命令列是管理資料庫與執行查詢的好環境。作為一個互動層,此用戶端能夠快速的執行探索命令。從命令列進行查詢後,可以將 SQL 轉入你的 Java 程式,而查詢可參數化以提升使用彈性。MySQL、PostgreSQL、SQLite 等常見資料庫都有命令列用戶端。在安裝 MySQL 以供開發的系統上(例如你的個人電腦),你應該能夠匿名與選擇性提供資料庫名稱連上:

```
bash$ mysql <database>
```

但你或許不能夠建構新的資料庫。你可以登入成資料庫管理員:

```
bash$ mysql -u root <database>
```

然後具有完整的存取權限。在其他狀況下(例如連接到實際資料庫、遠端實例、或雲端實例),則必須如下執行:

```
bash$ mysql -h host -P port -u user -p password <database>
```

連上後會看到 MySQL 提示,可透過它顯示你可以存取的資料庫、目前連接的資料庫、與使用者名稱:

```
mysql> SHOW DATABASES;
```

切換資料庫的命令是 USE *dbname*:

```
mysql> USE myDB;
```

你可以建構新資料表:

```
mysql> CREATE TABLE my_table(id INT PRIMARY KEY, stuff VARCHAR(256));
```

若有儲存在檔案中的資料表建構腳本,下面的命令會讀取並執行該檔案:

```
mysql> SOURCE <filename>;
```

當然,你會想要知道資料庫中有什麼資料表:

```
mysql> SHOW TABLES;
```

也會想要知道資料表的細節,包括欄名稱、資料型別、與限制:

```
mysql> DESCRIBE <tablename>;
```

結構化查詢語言

結構化查詢語言（SQL）是探索資料的工具。雖然物件關聯式對應（ORM）架構在企業應用程式中佔有一席之地，你還是會發現它們對資料科學的工作有很多限制。加強 SQL 技能並學習以下的基本操作是個好主意。

建構

要建構資料庫與資料表，使用下列 SQL：

```
CREATE DATABASE <databasename>;

CREATE TABLE <tablename> ( col1 type, col2 type, ...);
```

選取

普通的 SELECT 陳述具有下列形式：

```
SELECT
    [DISTINCT]
    col_name, col name, ... col_name
    FROM table_name
    [WHERE where_condition]
    [GROUP BY col_name [ASC | DESC]]
    [HAVING where_condition]
    [ORDER BY col_name [ASC | DESC]]
    [LIMIT row_count OFFSET offset]
    [INTO OUTFILE 'file_name']
```

有一些技巧可能很好用。若資料集有數百萬筆資料，而你只想要取樣，可以使用 ORDER BY 回傳隨機樣本：

```
ORDER BY RAND();
```

並且可以設定 LIMIT 決定回傳樣本大小：

```
ORDER BY RAND() LIMIT 1000;
```

新增

新增資料到新資料列的做法如下：

```
INSERT INTO tablename(col1, col2, ...) VALUES(val1, val2, ...);
```

請注意！若需要所有欄而不是部分欄的值，則可以完全省略欄名：

```
INSERT INTO tablename VALUES(val1, val2, ...);
```

也可以一次新增多筆記錄：

```
INSERT INTO tablename(col1, col2, ...) VALUES(val1, val2, ...),(val1, val2, ...),
(val1, val2, ...);
```

修改

某些情況下，你必須修改現有資料。必須改正錯誤時，通常可以透過命令列快速的執行。雖然你會存取上線、分析、與測試資料庫，但有時候會進入 DBA 狀態。修改資料在處理真正的使用者與資料時很常見：

```
UPDATE table_name SET col_name = 'value' WHERE other_col_name = 'other_val';
```

在資料科學領域中，很難想象你會程式化的修改資料。當然有例外，例如改正打字錯誤或逐步建構資料表，但大部分情況下修改重要資料聽起來像是會引發災難，特別是多個使用者依靠同一個資料來源撰寫程式與進行分析時。

刪除

在儲存體很便宜的今天，刪除資料似乎是不必要的，但如同 UPDATE，犯了錯且不想要重新建構整個資料庫時，刪除資料很方便。通常會根據特定條件刪除資料，例如 user_id、record_id、或特定日期前後：

```
DELETE FROM <tablename> WHERE <col_name> = 'col_value';
```

另一個實用的命令是 TRUNCATE，它刪除資料表中所有資料但保持資料表不變。基本上，TRUNCATE 將資料表清乾淨：

```
TRUNCATE <tablename>;
```

拋棄

若要刪除資料表內容與資料表本身，必須 DROP 資料表。這會完全移除資料表：

```
DROP TABLE <tablename>;
```

這會刪除整個資料庫與其所有內容：

```
DROP DATABASE <databasename>;
```

Java Database Connectivity

Java Database Connectivity（JDBC）是連接 Java 應用程式與任何相容 SQL 資料庫的協定。個別資料庫廠商的 JDBC 驅動程式放在不同的 JAR，它必須在建構與執行時引用。JDBC 技術在應用程式與各種資料庫間建立統一的層。

連線

以 JDBC 連線資料庫非常容易與方便。只需要以下列形式正確組成該資料庫的 URI：

```
String uri = "jdbc:<dbtype>:[location]/<dbname>?<parameters>"
```

DriverManager.getConnection() 會拋出例外，而你有兩種處理方式。現代的 Java 方式是將連線放在 try 陳述中，稱為 *try with resource*。這種方式下的連線會在區塊執行完畢後自動關閉，因此無需明確的呼叫 Connection.close()。要記得若決定將連線陳述放在 try 區塊中，必須明確的在 finally 區塊中關閉連線：

```
String uri = "jdbc:mysql://localhost:3306/myDB?user=root";
try(Connection c = DriverManager.getConnection(uri)) {
    // TODO 進行工作
} catch (SQLException e) {
    System.err.println(e.getMessage());
}
```

連線後，你必須自問兩個問題：

- SQL 字串中有變數嗎（是否有任何改變 SQL 字串的方式）？

- 會回傳資料還是執行成功與否的結果？

從假設你會建構一個 Statement 開始。若 Statement 需要一個變數（例如此 SQL 會被應用程式變數改變），則改為使用 PreparedStatement。若不預期回傳資料就沒事了。若預期回傳資料，則必須使用 ResultSets 保存與處理資料。

陳述

執行 SQL 陳述時，以下列範例來說：

```
DROP TABLE IF EXISTS data;
CREATE TABLE IF NOT EXISTS data(
    id INTEGER PRIMARY KEY,
    yr INTEGER,
    city VARCHAR(80));
```

```
INSERT INTO data(id, yr, city) VALUES(1, 2015, "San Francisco"),
    (2, 2014, "New York"),(3, 2012, "Los Angeles");
```

所有 SQL 陳述都寫死到字串中而沒有可變的部分。它沒有回傳資料（除了回傳 Boolean 碼）且能夠在 try-catch 區塊中執行：

```
String sql = "<sql string goes here>";
Statement stmt = c.createStatement();
stmt.execute(sql);
stmt.close();
```

預先準備過的陳述

你或許沒有將 SQL 陳述中的資料寫死。可以建構通用的修改陳述來使用 SQL 的 WHERE 句子修改指定 id 的 city 欄。雖然可能會以連接的方式建構 SQL 字串，但實務上不建議這麼做。只要是用外部輸入來替換 SQL 表示式，就會有 SQL 注入攻擊的空間。正確的做法是在 SQL 陳述中使用佔位（問號），然後以 PreparedStatement 類別正確的將輸入變數加上引號並執行查詢。準備過的陳述不只有安全上的好處，速度也比較快。PreparedStatement 會在某個時刻被編譯，大量新增時較每個新增都編譯一次的效率更好。與前面的 INSERT 陳述對應的 Java 如下：

```
String insertSQL = "INSERT INTO data(id, yr, city) VALUES(?, ?, ?)";
PreparedStatement ps = c.prepareStatement(insertSQL);
/* 從索引 1 開始設定每個佔位？的值 */
ps.setInt(1, 1);
ps.setInt(2, 2015);
ps.setString(3, "San Francisco");
ps.execute();
ps.close();
```

但如果有很多資料且必須逐筆處理呢？這時候要以批次模式執行。舉例來說，若你從 CSV 匯入 Record 物件的 List：

```
String insertSQL = "INSERT INTO data(id, yr, city) VALUES(?, ?, ?)";
PreparedStatement ps = c.prepareStatement(insertSQL);
List<Record> records = FileUtils.getRecordsFromCSV();
for(Record r: records) {
    ps.setInt(1, r.id);
    ps.setInt(2, r.year);
    ps.setString(3, r.city);
    ps.addBatch();
}
ps.executeBatch();
ps.close();
```

結果集

SELECT 陳述回傳資料！只要是撰寫 SELECT 就得正確的呼叫 Statement.executeQuery() 而非 execute() 並將資料指派給 ResultSet。以資料庫術語來說，ResultSet 是個指標（cursor），也就是可迭代的資料結構。因此，Java 的 ResultSet 類別實作 Java 的 Iterator 類別且可用於 while-next 迴圈：

```
String selectSQL = "SELECT id, yr, city FROM data";
Statement st = c.createStatement();
ResultSet rs = st.executeQuery(selectSQL);
while(rs.next()) {
    int id = rs.getInt("id");
    int year = rs.getInt("yr");
    String city = rs.getString("city")),
    // TODO 對值的每個列執行工作
}
rs.close();
st.close();
```

在這種逐行讀取檔案的狀況下，你必須選擇要對資料做什麼。或許會儲存每個值到該型別的陣列中，或者會將每一列儲存到一個類別中並建構該類別的清單。請注意，我們根據資料庫的 schema 以欄名呼叫欄值以從 ResultSet 實例讀取值。也可以從 1 開始遞增欄索引。

繪製視覺化資料

資料視覺化是資料科學中重要且有趣的一部分，各種資料與互動圖表技術可產生華麗的視覺化以講述複雜的故事。人們經常期待漂亮的視覺化，最重要的是體認到相同的資料可根據你選擇的資料段及圖表樣式，描述出完全不同的故事。

要記得資料視覺化應該考慮到受眾，大致上分為三種視覺化的使用者。首先是你自己，你是無所不知的專家，進行分析或開發演算法時通常會快速的掃過資料。你的需求是盡可能清楚與快速的檢視資料。圖表標頭、軸標頭、美化、圖例、或日期格式可能不重要，因為你已經知道你看的是什麼。基本上，我們繪製資料通常是為了對資料有個概觀而不考慮其他人如何檢視。

第二種資料視覺化的使用者是行業專家。解決資料科學的問題且你認為可以公佈後，它基本上已經充分的做出標示、具有良好的標題、一系列的資料都配上圖例說明、且圖表本身就足以說出故事。就算視覺化不夠華麗，但你的同事與同儕或許不在意美觀而是內容。事實上，若視覺化沒有特效會更容易進行科學評估。當然，這也是保存歸檔的基本格式。若沒有標示，一個月後你將不記得每個軸的意義！

第二種資料視覺化的使用者是其他人。此時要有創意,因為仔細挑選的顏色風格會讓好資料更棒。但要注意為這種使用者準備圖表很花時間與精力。使用 JavaFX 的好處是可透過滑鼠互動。它能讓你建構類似網頁儀錶板的圖形應用程式。

建構簡單圖表

Java 的 JavaFX 套件有原生的圖表功能。從 1.8 版開始有內建的科學繪圖功能,javafx.scene.chart 套件的圖表類型包括散佈、線、柱、堆疊長條、派、面積、堆疊面積、或泡泡。Chart 物件包在 Scene 物件中,而 Scene 物件包在 Stage 物件中。一般做法是擴充 Application 類別並在覆寫過的 Application.start() 方法中加上圖表指示。Application.launch() 方法必須在 main 方法中呼叫以建構與顯示圖表。

散佈圖

一個簡單的圖表範例是散佈圖,它繪製一組 x-y 數值作為格子上的點。這些圖表使用 javafx.scene.chart.XYChart.Data 與 javafx.scene.chart.XYChart.Series 類別。Data 類別是保存混合型別資料維度的容器,而 Series 類別保存 Data 實例的 ObservalbleList。你會採用的 javafx.collections.FXCollections 類別中直接建構 ObservableList 實例的方法。但它對散佈、線、面積、泡泡、與長條圖不是必要的,因為它們都使用 Series 類別:

```java
public class BasicScatterChart extends Application {

    public static void main(String[] args) {
        launch(args);
    }

    @Override
    public void start(Stage stage) throws Exception {
        int[] xData = {1, 2, 3, 4, 5};
        double[] yData = {1.3, 2.1, 3.3, 4.0, 4.8};

        /* 將 Data 加入 Series */
        Series series = new Series();
        for (int i = 0; i < xData.length; i++) {
            series.getData().add(new Data(xData[i], yData[i]));
        }

        /* 定義軸 */
        NumberAxis xAxis = new NumberAxis();
        xAxis.setLabel("x");
        NumberAxis yAxis = new NumberAxis();
        yAxis.setLabel("y");
```

```
/* 建構散佈圖 */
ScatterChart<Number,Number> scatterChart =
    new ScatterChart<>(xAxis, yAxis);
scatterChart.getData().add(series);


/* 建構使用圖表的 scene */
Scene scene  = new Scene(scatterChart, 800, 600);

/* 告訴 stage 使用與繪製哪一個 scene！ */
stage.setScene(scene);
stage.show();
    }

}
```

圖 1-1 顯示以一組節點的資料繪製 JavaFX 圖表的預設圖表視窗。

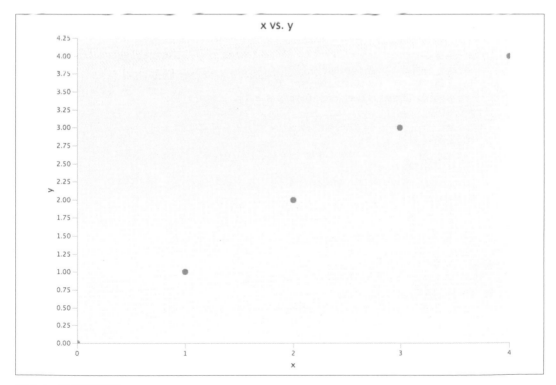

圖 1-1　散佈圖範例

前面範例中的 ScatterChart 類別能以 LineChart、AreaChart、或 BubbleChart 替換。

長條圖

如同 x-y 圖表，長條圖也是利用 Data 與 Series 類別，但唯一不同處是 x 軸必須是字串型別（相對於數值型別）並以 CategoryAxis 類別取代 NumberAxis 類別。y 軸還是 NumberAxis。通常，長條圖的類別是日期或市場分類等東西。請注意，BarChart 類別取用 String 與 Number 類別配對。它適用於歷史圖表，第三章有範例：

```
public class BasicBarChart extends Application {

    public static void main(String[] args) {
        launch(args);
    }

    @Override
    public void start(Stage stage) throws Exception {

        String[] xData = {"Mon", "Tues", "Wed", "Thurs", "Fri"};
        double[] yData = {1.3, 2.1, 3.3, 4.0, 4.8};

        /* 將 Data 加入 Series */
        Series series = new Series();
        for (int i = 0; i < xData.length; i++) {
            series.getData().add(new Data(xData[i], yData[i]));
        }

        /* 定義軸 */
        CategoryAxis xAxis = new CategoryAxis();
        xAxis.setLabel("x");
        NumberAxis yAxis = new NumberAxis();
        yAxis.setLabel("y");

        /* 建構長條圖 */
        BarChart<String,Number> barChart = new barChart<>(xAxis, yAxis);
        barChart.getData().add(series);


        /* 建構使用圖表的 scene */
        Scene scene  = new Scene(barChart, 800, 600);

        /* 告訴 stage 使用與繪製哪一個 scene！ */
        stage.setScene(scene);
        stage.show();
    }

}
```

繪製多個序列

任何一種圖表的多個序列很容易實作。以散佈圖範例來說，你只需建構多個 Series 實例：

```
Series series1 = new Series();
Series series2 = new Series();
Series series3 = new Series();
```

然後使用 addAll() 方法而非 add() 方法將序列一次加入：

```
scatterChart.getData().addAll(series1, series2, series3);
```

產生的圖表會以各種顏色疊加的點顯示並加上標籤名稱。線、面積、泡泡與長條圖也一樣。StackedAreaChart 與 StackedBarChart 類別有個有趣的功能，它們的操作與 AreaChart 以及 BarChart 父類別相同，但資料是疊加的，因此視覺上不會重疊。

當然，有時候視覺化會得益於混合不同圖表類型的資料，例如散佈圖與顯示資料的線圖。目前 Scene 類別只能接受一種圖表類型，但我們會在稍後示範如何處理。

基本格式化

有些選項能讓圖表看起來特別專業。首先要清理的是軸，小刻度通常是多餘的，我們也可以設定圖表的最大與最小範圍：

```
scatterChart.setBackground(null);
scatterChart.setLegendVisible(false);
scatterChart.setHorizontalGridLinesVisible(false);
scatterChart.setVerticalGridLinesVisible(false);
scatterChart.setVerticalZeroLineVisible(false);
```

有時候保持繪圖機制簡單並引用 CSS 檔案中的樣式會比較方便，若沒有改變樣式選項則會使用 JavaFX8 中稱為 Modena 的預設 CSS。可以自行建構 CSS 並於圖表中引用：

```
scene.getStylesheets().add("chart.css");
```

預設路徑是你的 Java 套件的 *src/main/resources* 目錄。

繪製混合圖表

我們經常需要在一張圖中顯示多種圖表,例如以 x-y 散佈圖顯示資料然後疊加最適模型的線圖。或許還要加上另外兩條線以表示模型的邊界,或者是標準差 σ 或信賴區間 1.96 × σ。目前 JavaFX 並不能同時在同一個影像中顯示多個不同類型的圖表,但有解決方法!我們可以使用 LineChart 類別繪製多個 LineChart 實例的序列,然後以 CSS 設定線的樣式,讓一條線只顯示點、一條顯示實線、二條顯示虛線。以下是此 CSS:

```
.default-color0.chart-series-line {
    -fx-stroke: transparent;
}

.default-color1.chart-series-line {
    -fx-stroke: blue; -fx-stroke-width: 1;
}

.default-color2.chart-series-line {
    -fx-stroke: blue;
    -fx-stroke-width: 1;
    -fx-stroke-dash-array: 1 4 1 4;
}

.default-color3.chart-series-line {
    -fx-stroke: blue;
    -fx-stroke-width: 1;
    -fx-stroke-dash-array: 1 4 1 4;
}

/*.default-color0.chart-line-symbol {
    -fx-background-color: white, green;
}*/

.default-color1.chart-line-symbol {
    -fx-background-color: transparent, transparent;
}

.default-color2.chart-line-symbol {
    -fx-background-color: transparent, transparent;
}

.default-color3.chart-line-symbol {
    -fx-background-color: transparent, transparent;
}
```

圖表如圖 1-2 所示。

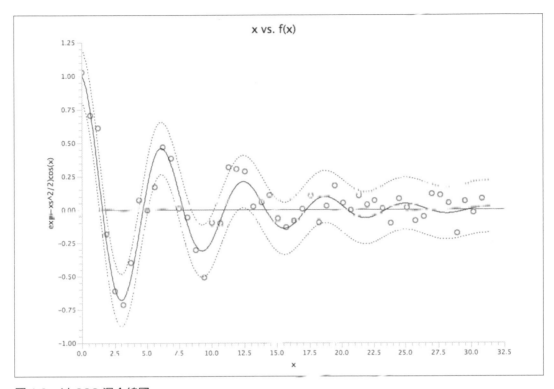

圖 1-2　以 CSS 混合線圖

儲存圖表到檔案中

有時候會需要將圖表儲存到檔案中，或許會將圖表以郵件寄出或放在簡報中，混合標準的 Java 類別與 JavaFX 類別，你可以將圖表以多種格式儲存。還可以透過 CSS 讓圖表有更好的品質。確實，這一章（與本書）的圖都是以這種方式準備。

每個圖表類型都是繼承了 Node 類別的 snapshot() 的 Chart 抽象類別的子類別。Chart.snapshot() 回傳 WritableImage。有個問題要注意：在繪製資料到圖表時，影像會儲存到檔案而沒有實際資料。圖表初始化之後與使用 Chart.getData.add() 等方法加上資料前必須透過 Chart.setAnimated(false) 關閉動畫效果：

```
/* 在圖表初始化後立即執行 */
scatterChart.setAnimated(false);
...
/* 繪製圖形 */
stage.show();
...
/* 繪製 stage 後儲存圖表到檔案 */
WritableImage image = scatterChart.snapshot(new SnapshotParameters(), null);
File file = new File("chart.png");
ImageIO.write(SwingFXUtils.fromFXImage(image, null), "png", file);
```

本書所有資料圖表均以 JavaFX 8 繪製。

線性代數

我們已經用了一整章取得某種格式的資料，可能最後（在我們的心中）以試算表的形式檢視資料。想象中欄名稱從左至右排列（年齡、地址、ID 編號），而每一列代表一筆記錄或資料點，大部分的資料科學會進行到這個部分。我們要找尋的是任意數量關注欄（稱為變數）與任意數量可量化結果欄（稱為回應）之間的關係。

我們通常使用字母 x 表示變數，以 y 表示回應。同樣的，回應可以指派為具有 p 個欄且必須有與 $\mathbf{X}$ 相同 m 個列的矩陣 $\mathbf{Y}$。請注意，在很多案例中，僅有一維回應變數使 $p = 1$。但將線性代數問題一般化為任意維數會有幫助。

一般來說，線性代數的主要想法是找出 $\mathbf{X}$ 與 $\mathbf{Y}$ 之間的關聯。其中最簡單的一種是判斷是否能將 $\mathbf{X}$ 乘以一個待解決的新矩陣值 $\mathbf{W}$，使結果完全（或接近）等於 $\mathbf{Y}$。$\mathbf{XW} = \mathbf{Y}$ 的一個範例如下：

$$\begin{pmatrix} x_{1,1} & x_{1,2} & \cdots & x_{1,n} \\ x_{2,1} & x_{2,2} & \cdots & x_{2,n} \\ \vdots & \vdots & \ddots & \vdots \\ x_{m,1} & x_{m,2} & \cdots & x_{m,n} \end{pmatrix} \begin{pmatrix} \omega_{1,1} & \omega_{1,2} & \cdots & \omega_{1,p} \\ \omega_{2,1} & \omega_{2,2} & \cdots & \omega_{2,p} \\ \vdots & \vdots & \ddots & \vdots \\ \omega_{n,1} & \omega_{n,2} & \cdots & \omega_{n,p} \end{pmatrix} = \begin{pmatrix} y_{1,1} & y_{1,2} & \cdots & y_{1,p} \\ y_{2,1} & y_{2,2} & \cdots & y_{2,p} \\ \vdots & \vdots & \ddots & \vdots \\ y_{m,1} & y_{m,2} & \cdots & y_{m,p} \end{pmatrix}$$

要記得如同此等式，矩陣的大小看起來相似。這可能產生誤導，因為大部分情況下資料點的數量 m 很大，或許到達數百萬或數億，而 $\mathbf{X}$ 與 $\mathbf{Y}$ 矩陣的欄數量 n 與 p 通常較小（數十到數百）。然後你會注意到無論 m 的大小（例如 100,000）為何，$\mathbf{W}$ 矩陣的大小與 m 無關；它的大小是 $n \times p$（例如 10 × 10）。這是線性代數的核心：我們可以使用更

為精簡的資料結構 **W** 解釋像是 **X** 與 **Y** 等極大資料結構的內容。線性代數的規則能讓我們以 **X** 的列與 **W** 的欄表示 **Y** 的任何特定值。例如 $y_{1,1}$ 的值可寫成：

$$y_{1,1} = x_{1,1}\omega_{1,1} + x_{1,2}\omega_{2,1} + \ldots + x_{1,n}\omega_{n,1}$$

接下來我們會運用此規則與線性代數運算，而最後一節會展示 **XW** = **Y** 線性系統的解。如第四章與第五章討論的更高等資料科學主題會大量運用線性代數。

建構向量與矩陣

不論正規定義，向量其實就是有定義長度的一維陣列。有很多例子，例如有個整數陣列代表每天的網路流量。或許陣列中有大量的 "特徵值" 可作為機器學習程序的輸入，或是 x 與 y 的地理座標可建構每個 [x，y] 配對的陣列。雖然我們可以爭辯向量的意義（既向量空間中有大小與方向的一個元素），但只要在解問題過程中保持向量定義的一致，則所有數學公式都能完美的運作而無需考慮研究對象的主題是什麼。

一般來說，向量 **x** 具有下列形式，由 n 個分量組成：

$$\mathbf{x} = \begin{pmatrix} x_1 & x_2 & \ldots & x_n \end{pmatrix}$$

同樣的，矩陣 **A** 只是有 m 個列與 n 個欄的二維陣列：

$$\mathbf{A} = \begin{pmatrix} a_{1,1} & a_{1,2} & \cdots & a_{1,n} \\ a_{2,1} & a_{2,2} & \cdots & a_{2,n} \\ \vdots & \vdots & \ddots & \vdots \\ a_{m,1} & a_{m,2} & \cdots & a_{m,n} \end{pmatrix}$$

向量也可以用矩陣記號法表示為欄向量：

$$y_{1,1} = x_{1,1}\omega_{1,1} + x_{1,2}\omega_{2,1} + \ldots + x_{1,n}\omega_{n,1}$$

我們使用小寫字母表示向量，使用大寫字母表示矩陣。請注意，向量 x 也可表示為矩陣 **X** 的欄。

實務上，向量與矩陣都對資料科學很有用。一個常見的例子是堆疊向量的資料集，而列數量 *m* 大於欄數量 *n* 非常多。基本上，這種資料結構其實是向量的清單，但將它們放在矩陣形式中能有效率的進行各種線性代數量化計算。資料科學會遇到的另一種矩陣是以分量表示變數間的關係，例如共變異數與相關係數矩陣。

陣列儲存體

Apache Commons Math 函式庫提供有多種建構實數向量與矩陣選項的 RealVector 與 RealMatrix 類別。三種最實用的建構元型別分別是分配已知維度的空實例、以值陣列建構實例，深複製現有實例。要初始化一個空的 *n* 維 RealVector 型別向量，使用 ArrayRealVector 類別與整數大小：

```
int size = 3;
RealVector vector = new ArrayRealVector(size);
```

若已經有值陣列，可用陣列作為建構元參數來建構向量：

```
double[] data = {1.0, 2.2, 4.5};
RealVector vector = new ArrayRealVector(data);
```

深複製現有向量到新的實例：

```
RealVector vector = new ArrayRealVector(realVector);
```

要設定向量中所有元素的預設值，在建構元中設定該值與大小：

```
int size = 3;
double defaultValue = 1.0;
RealVector vector = new ArrayRealVector(size, defaultValue);
```

初始化空矩陣有類似的建構元，下列程式初始化已知維度的空矩陣：

```
int rowDimension = 10;
int colDimension = 20;
RealMatrix matrix = new Array2DRowRealMatrix(rowDimension, colDimension);
```

若已經有個雙精度二維陣列，可以將它傳入建構元：

```
double[][] data = {{1.0, 2.2, 3.3}, {2.2, 6.2, 6.3}, {3.3, 6.3, 5.1}};
RealMatrix matrix = new Array2DRowRealMatrix(data);
```

雖然沒有方法可設定整個矩陣的預設值（如同向量），將新矩陣的所有元素設為零可讓我們在之後輕易的加入值給每個元素：

```
int rowDimension = 10;
int colDimension = 20;
double defaultValue = 1.0;
RealMatrix matrix = new Array2DRowRealMatrix(rowDimension, colDimension);
matrix.scalarAdd(defaultValue);
```

矩陣的深複製可透過 RealMatrix.copy() 方法：

```
/* 深複製矩陣的內容 */
RealMatrix anotherMatrix = matrix.copy();
```

區塊儲存體

對超過 50 維度的大矩陣，建議使用 BlockRealMAtrix 類別的區塊儲存體。區塊儲存體是前面所述二維陣列儲存體的替代方案。在這種情況下，一個較大矩陣被分割成容易快取與容易操作的較小資料區塊。要分配空間給矩陣，使用下列建構元：

```
RealMatrix blockMatrix = new BlockRealMatrix(50, 50);
```

若已經有 2D 陣列資料，則使用此建構元：

```
double[][] data = ;
RealMatrix blockMatrix = new BlockRealMatrix(data);
```

Map 儲存體

大向量或矩陣幾乎都是零時稱為稀疏。由於儲存所有的零很沒效率，僅儲存非零元素的位置與值。實際上這可以透過在 HashMap 中儲存值輕鬆的達成。建構已知維度的稀疏向量：

```
int dim = 10000;
RealVector sparseVector = new OpenMapRealVector(dim);
```

要建構稀疏矩陣只需加入另一個維度：

```
int rows = 10000;
int cols = 10000;
RealMatrix sparseMatrix = new OpenMapRealMatrix(rows, cols);
```

存取元素

無論是以哪一種儲存體實作向量或矩陣，指派值與讀取值的方法都相同。

 雖然本書的線性代數理論使用從 1 開始的索引，但 Java 使用從 0 開始的索引。將演算法從理論轉換成程式碼時，特別是設定與讀取值時要記得這個差別。

使用 setEntry(int index, double value) 與 getEntry(int index) 方法設定與讀取值：

```
/* 設定 v 的第一個值 */
vector.setEntry(0, 1.2)
/* 讀取值 */
double val = vector.getEntry(0);
```

要設定向量所有的值，使用 set(double value) 方法：

```
/* 設向量為零 */
vector.set(0);
```

但若 v 是稀疏向量，則沒有必要設定所有值。在稀疏代數中，沒有的值被假設為零。相反的，使用 setEntry 設定非零的值。要將現有向量所有的值讀為雙精度陣列，使用 toArray() 方法：

```
double[] vals = vector.toArray();
```

無論哪一種儲存體，矩陣也有類似的設定與讀取。使用 setEntry(int row, int column, double value) 與 getEntry(int row, int column) 方法：

```
/* 設定第一列第三欄為 3.14 */
/* set first row, 3 column to 3.14 */
matrix.setEntry(0, 2, 3.14);
/* 讀取 */
double val = matrix.getEntry(0, 2);
```

不像向量類別，沒有 set() 方法可設定矩陣的所有值成同一個值。只要矩陣所有元素都是 0，像是新建構的矩陣，可以如下用常數設定所有的元素：

```
/* 對現有的新矩陣 */
matrix.scalarAdd(defaultValue);
```

如同處理稀疏向量，對每個稀疏矩陣的 i,j 配對設定值為 0 並不實用。

要以雙精度陣列形式取得矩陣值，使用 getDate() 方法：

```
double[][] matrixData = matrix.getData();
```

操作子矩陣

我們通常只需要操作矩陣的特定部分或在大矩陣中引用較小的矩陣。RealMatrix 類別有一些方法可處理這種常見情況。有兩種方式可從現有的矩陣建構子矩陣。第一種方式是從來源矩陣選取矩形區域並使用它來建構新矩陣。選出的矩形區域由來源矩陣的左上角與右下角區域點定義要包含的區域，呼叫 RealMatrix.getSubMatrix(int startRow, int endRow, int startColumn, int endColumn) 並回傳由此選取區域定義維度與值的 RealMatrix 物件。請注意，其中包含 endRow 與 endColumn 值。

```
double[][] data = {{1,2,3},{4,5,6},{7,8,9}};
RealMatrix m = new Array2DRowRealMatrix(data);
int startRow = 0;
int endRow = 1;
int startColumn = 1;
int endColumn = 2;
RealMatrix subM = m.getSubMatrix(startRow, endRow, startColumn, endColumn);
// {{2,3},{5,6}}
```

也可以指定矩陣的特定列與欄。這是透過指定要保存的列與欄索引建構整數陣列，然後此方法以 RealMatrix.getSubMatrix(int[] selectedRows, int[] selectedColumns) 取用這些陣列。三種使用方法如下：

```
/* 取得所選列與所有欄 */
int[] selectedRows = {0, 2};
int[] selectedCols = {0, 1, 2};
RealMatrix subM = m.getSubMatrix(selectedRows, selectedColumns);
// {{1,2,3},{7,8,9}}

/* 取得所有列與所選欄 */
int[] selectedRows = {0, 1, 2};
int[] selectedCols = {0, 2};
RealMatrix subM = m.getSubMatrix(selectedRows, selectedColumns);
// {{1,3},{4,6},{7,9}}

/* 取得所選列與所選欄 */
int[] selectedRows = {0, 2};
int[] selectedCols = {1};
RealMatrix subM = m.getSubMatrix(selectedRows, selectedColumns);
// {{2},{8}}
```

也可以設定子矩陣的值以建構矩陣。我們在 RealMatrix.setSubMatrix(double[][] subMatrix,int row, int column) 中指定列與欄座標，以將雙精度資料加入到現有的矩陣中：

```
double[][] newData = {{-3, -2}, {-1, 0}};
int row = 0;
int column = 0;
m.setSubMatrix(newData, row, column);
// {{-3,-2,3},{-1,0,6},{7,8,9}}
```

隨機化

在學習演算法中，我們經常需要設定矩陣（或向量）的所有值成隨機數。我們可以選擇實作 AbstractRealDistribution 界面的分佈或選出介於 -1 與 1 之間的隨機數。我們可以傳入現有矩陣或向量以填入該值，或建構新的實例：

```
public class RandomizedMatrix {

    private AbstractRealDistribution distribution;

    public RandomizedMatrix(AbstractRealDistribution distribution, long seed) {
        this.distribution = distribution;
        distribution.reseedRandomGenerator(seed);
    }

    public RandomizedMatrix() {
        this(new UniformRealDistribution(-1, 1), 0L);
    }

    public void fillMatrix(RealMatrix matrix) {
        for (int i = 0; i < matrix.getRowDimension(); i++) {
            matrix.setRow(i, distribution.sample(matrix.getColumnDimension()));
        }
    }

    public RealMatrix getMatrix(int numRows, int numCols) {
        RealMatrix output = new BlockRealMatrix(numRows, numCols);
        for (int i = 0; i < numRows; i++) {
            output.setRow(i, distribution.sample(numCols));
        }
        return output;
    }

    public void fillVector(RealVector vector) {
        for (int i = 0; i < vector.getDimension(); i++) {
```

```
            vector.setEntry(i, distribution.sample());
        }
    }

    public RealVector getVector(int dim) {
        return new ArrayRealVector(distribution.sample(dim));
    }
}
```

我們可以如此建構區間內常態分佈數字：

```
int numRows = 3;
int numCols = 4;
long seed = 0L;
RandomizedMatrix rndMatrix = new RandomizedMatrix(
    new NormalDistribution(0.0, 0.5), seed);
RealMatrix matrix = rndMatrix.getMatrix(numRows, numCols);

// -0.0217405716,-0.5116704988,-0.3545966969,0.4406692276
// 0.5230193567,-0.7567264361,-0.5376075694,-0.1607391808
// 0.3181005362,0.6719107279,0.2390245133,-0.1227799426
```

操作向量與矩陣

有時候你知道要找尋的演算法或資料結構的組成，但不知道如何產生。你可以在心裡面進行 "搜尋" 然後選擇實作（例如以點乘積代替自行手動逐個處理所有資料）。以下討論一些線性代數中常見的運算：

縮放

將一個向量以常數 **k** 縮放（乘）：

$$\kappa \mathbf{x} = \left(\kappa x_1, \kappa x_2, ..., \kappa x_n \right)$$

Apache Commons Math 有將一個現有 REalVector 乘以一個雙精度以產生新的 RealVector 物件的方法：

```
double k = 1.2;
RealVector scaledVector = vector.mapMultiply(k);
```

請注意，RealVector 物件也可以透過改變現有向量在原處縮放：

```
vector.mapMultiplyToSelf(k);
```

有類似方法將向量除以 k 以建構新的向量：

```
RealVector scaledVector = vector.mapDivide(k);
```

以及在原處進行除法：

```
vector.mapDivideToSelf(k);
```

矩陣 A 也可能以 **k** 進行縮放：

$$\kappa\mathbf{A} = \begin{pmatrix} \kappa a_{1,1} & \kappa a_{1,2} & \cdots & \kappa a_{1,n} \\ \kappa a_{2,1} & \kappa a_{2,2} & \cdots & \kappa\kappa a_{2,n} \\ \vdots & \vdots & \ddots & \vdots \\ \kappa a_{m,1} & \kappa a_{m,2} & \cdots & \kappa a_{m,n} \end{pmatrix}$$

此時矩陣的每個值都乘以 double 型別的常數並回傳新的矩陣：

```
double k = 1.2;
RealMatrix scaledMatrix = matrix.scalarMultiply(k);
```

轉置

向量或矩陣的轉置類似向一邊翻轉。$\mathbf{x}$ 的轉置寫為 $\mathbf{X}^T$。對矩陣來說，$\mathbf{A}$ 的轉置寫為 $\mathbf{A}^T$。大部分情況下，計算向量轉置不是必要的，因為 RealVector 與 RealMatrix 的方法在其邏輯中有考慮到向量轉置。除非向量以矩陣格式表示，否則向量轉置並未定義。$m \times 1$ 欄向量轉置後產生維度為 $1 \times m$ 列向量的新矩陣。

$$\mathbf{x}^T = \left(x_1, x_2 \cdots, x_m \right)$$

絕對需要轉置向量時，可以將資料插入 RealMatrix 實例。使用 double 值的一維陣列作為 ArrayDRowRealMatrix 類別的參數以建構一欄與 m 列的矩陣，其值由 double 陣列提供。轉置欄向量會回傳一列與 m 欄的矩陣：

```
double[] data = {1.2, 3.4, 5.6};
RealMatrix columnVector = new Array2DRowRealMatrix(data);
System.out.println(columnVector);
/* {{1.2}, {3.4}, {5.6}} */
RealMatrix rowVector = columnVector.transpose();
System.out.println(rowVector);
/* {{1.2, 3.4, 5.6}} */
```

轉置 $m \times n$ 維度的矩陣產生 $n \times m$ 矩陣。簡單地說，列與欄的索引 i 與 j 被反轉：

$$
\mathbf{A}^T = \begin{pmatrix} a_{1,1} & a_{2,1} & \cdots & a_{m,1} \\ a_{1,2} & a_{2,2} & \cdots & a_{m,2} \\ \vdots & \vdots & \ddots & \vdots \\ a_{1,n} & a_{2,n} & \cdots & a_{m,n} \end{pmatrix}
$$

請注意，矩陣轉置運算回傳新矩陣：

```
double[][] data = {{1, 2, 3}, {4, 5, 6}};
RealMatrix matrix = new Array2DRowRealMatrix(data);
RealMatrix transposedMatrix = matrix.transpose();
/* {{1, 4}, {2, 5}, {3, 6}} */
```

加法與減法

長度相同為 n 的 **a** 與 **b** 兩個向量的加法產生長度 n 的向量，值等於向量的元素間的加法：

$$
\mathbf{a} + \mathbf{b} = \left(a_1 + b_1, a_2 + b_2, ..., a_n + b_n \right)
$$

它產生新的 RealVector 實例：

```
RealVector aPlusB = vectorA.add(vectorB);
```

同樣的，兩個長度為 n 的 RealVector 物件的減法如下：

$$
\mathbf{a} - \mathbf{b} = \left(a_1 - b_1, a_2 - b_2, ..., a_n - b_n \right)
$$

它回傳新的 RealVector，值等於向量的元素間的減法：

```
RealVector aMinusB = vectorA.subtract(vectorB);
```

相同維度的矩陣也可以加減相似的向量：

$$\mathbf{A} + \mathbf{B} = \begin{pmatrix} a_{1,1} + b_{1,1} & a_{1,2} + b_{1,2} & \cdots & a_{1,n} + b_{1,n} \\ a_{2,1} + b_{2,1} & a_{2,2} + b_{2,2} & \cdots & a_{2,n} + b_{2,n} \\ \vdots & \vdots & \ddots & \vdots \\ a_{m,1} + b_{m,1} & a_{m,2} + b_{m,2} & \cdots & a_{m,n} + b_{m,n} \end{pmatrix}$$

RealMatrix 物件 **A** 與 **B** 的加法與減法回傳新的 RealMatrix 物件：

```
RealMatrix aPlusB = matrixA.add(matrixB);
RealMatrix aMinusB = matrixA.subtract(matrixB);
```

長度

向量的長度是將所有向量分量簡化成一個數字的方法，不應與向量的維度搞混。有多種向量長度定義；最常見的是 L1 與 L2 兩種範數。L1 範數很實用，例如確保機率向量或分數加總為一：

$$|\mathbf{x}| = \sum_{i=1}^{n} |x_i|$$

較 L2 範數少見的 L1 通常以完整名稱表示以避免誤解：

```
double norm = vector.getL1Norm();
```

L2 範數通常用於向量正規化。很多時候被稱為向量的範數或大小，其數學上的表示如下：

$$\| \mathbf{x} \| = \sqrt{\sum_{i=1}^{n} |x_i|^2}$$

```
/* 計算向量的 L2 範數 */
double norm = vector.getNorm();
```

人們通常會問何時使用 L1 或 L2 向量長度。實務上與向量代表什麼有關。某些情況下，會在向量中搜集計數或機率。在這種情況下，應該除以加總將向量正規化（L1）。另一方面，若向量帶有某種座標或特徵，則以歐氏距離將向量正規化（L2）。

單位向量是向量指向的方向，名稱來自它被 L2 範數縮放成長度等於一。它通常記為 $\hat{x}$，計算方法如下：

$$\hat{x} = \frac{\mathbf{x}}{\|\mathbf{x}\|}$$

RealVector.unitVector() 方法回傳新的 RealVector 物件：

```
/* 以 vector 實例建構新的單位向量 */
RealVector unitVector = vector.unitVector();
```

向量也可以原處轉換成單位向量。以下程式將向量 **v** 轉換成它的單位向量：

```
/* 將向量原處轉換成單位向量 */
vector.unitize();
```

我們也可以透過弗羅貝尼烏斯範數表示的所有元素平方和的平方根計算式來計算矩陣的範數：

$$\|A\|_F \equiv \sqrt{\sum_{i=1}^{m}\sum_{j=1}^{n}\left|a_{ij}\right|^2}$$

在 Java 中的做法如下：

```
double matrixNorm = matrix.getFrobeniusNorm();
```

距離

任兩個向量 **a** 與 **b** 間的距離有多種計算方式。**a** 與 **b** 的 L1 距離是：

$$d_{L1} = \sum_{i=1}^{n}\left|a_i - b_i\right|$$

```
double l1Distance = vectorA.getL1Distance(vectorB);
```

L2 距離（又稱為歐氏距離）的計算式是：

$$d_{L2} = \sqrt{\sum_{i=1}^{n} |a_i - b_i|^2}$$

這通常稱為向量間的距離。Vector.getDistance(RealVector vector) 方法回傳歐氏距離：

```
double l2Distance = vectorA.getDistance(vectorB);
```

餘弦距離是介於 –1 與 1 間的度量，沒有 "相似性" 度量距離大。若 $d = 0$，則兩個向量是垂直的（沒有相似處）。若 $d = 1$，則向量點方向相同。若 $d = -1$，向量點方向相反。餘弦距離也可以看作兩個單位向量的點乘積：

$$d = \cos(\theta) = \frac{\mathbf{a} \cdot \mathbf{b}}{\|\mathbf{a}\| \ \|\mathbf{b}\|}$$

```
double cosineDistance = vectorA.cosine(vectorB);
```

若 $\mathbf{a}$ 與 $\mathbf{b}$ 都是單位向量，餘弦距離就是內積：

$$d = \cos(\theta) = \hat{\mathbf{a}} \cdot \hat{\mathbf{b}}$$

且使用 Vector.dotProduct(RealVector vector) 方法就夠了：

```
/* a 與 b 都是單位向量  */
vectorA.unitize();
vectorB.unitize();
double cosineDistance = vectorA.dotProduct(vectorB);
```

乘法

$m \times n$ 矩陣 $\mathbf{A}$ 與 $n \times p$ 矩陣 $\mathbf{B}$ 的積是 $m \times p$ 維度的矩陣。唯一要相同的是 $\mathbf{A}$ 的欄數與 $\mathbf{B}$ 的列數：

$$\mathbf{AB} = \begin{pmatrix} (AB)_{1,1} & (AB)_{1,2} & \cdots & (AB)_{1,p} \\ (AB)_{2,1} & (AB)_{2,2} & \cdots & (AB)_{2,p} \\ \vdots & \vdots & \ddots & \vdots \\ (AB)_{m,1} & (AB)_{m,2} & \cdots & (AB)_{m,p} \end{pmatrix}$$

每個 $(\mathbf{AB})_{ij}$ 的值是 $\mathbf{A}$ 的第 i 列與 $\mathbf{B}$ 的第 j 欄的乘加總，數學運算式寫為：

$$(AB)_{ij} = \sum_{k=1}^{n} a_{ik} b_{kj}$$

矩陣 $\mathbf{A}$ 乘矩陣 $\mathbf{B}$：

```
RealMatrix matrixMatrixProduct = matrixA.multiply(matrixB);
```

請注意，$\mathbf{AB} \neq \mathbf{BA}$。要執行 $\mathbf{BA}$，則必須明確的執行或使用 preMultiply 方法。兩者產生相同的結果。但要注意 $\mathbf{B}$ 的欄數必須與 $\mathbf{A}$ 的列數相同：

```
/* 明確的計算 BA */
RealMatrix matrixMatrixProduct matrixB.multiply(matrixA);

/* 以 preMultiply 計算 BA */
RealMatrix matrixMatrixProduct = matrixA.preMultiply(matrixB);
```

$m \times n$ 矩陣 $\mathbf{A}$ 與 $n \times 1$ 欄矩陣 $\mathbf{x}$ 相乘通常稱為矩陣乘法，產生 $m \times 1$ 欄向量 $\mathbf{b}$ 使 $\mathbf{Ax} = \mathbf{b}$。其運算透過加總 $\mathbf{A}$ 的第 i 列的每個元素乘向量 $\mathbf{x}$ 的每個元素得出。以矩陣記號法寫為：

$$\mathbf{Ax} = \begin{pmatrix} a_{1,1}x_1 + a_{1,2}x_2 + \cdots + a_{1,n}x_n \\ a_{2,1}x_1 + a_{2,2}x_2 + \cdots + a_{2,n}x_n \\ \vdots \\ a_{m,1}x_1 + a_{m,2}x_2 + \cdots + a_{m,n}x_n \end{pmatrix}$$

下面的程式與前面的矩陣對矩陣積相同：

```
/* Ax 得欄向量 */
RealMatrix matrixVectorProduct = matrixA.multiply(columnVectorX);
```

我們經常要計算向量對矩陣積，通常寫為 $\mathbf{x}^T\mathbf{A}$。$\mathbf{x}$ 是矩陣格式時，我們可以如下明確的執行計算：

```
/* 明確的 x^TA */
RealMatrix vectorMatrixProduct = columnVectorX.transpose().multiply(matrixA);
```

$\mathbf{x}$ 是 RealVector 時，我們可以使用 RealMatrix.preMultiply() 方法：

```
/* 以 preMultiply 計算 x^TA */
RealMatrix vectorMatrixProduct = matrixA.preMultiply(columnVectorX);
```

執行 $\mathbf{Ax}$ 時，我們通常希望產生向量（相對於矩陣中的欄向量）。若 $\mathbf{x}$ 是 RealVector 型別，$\mathbf{Ax}$ 更方便的執行方式是：

```
/* Ax */
RealVector matrixVectorProduct = matrixA.operate(vectorX);
```

內積

內積（又稱為點積或純量積）是兩個相同長度向量相乘的方法，結果為純量值，數學上如下寫為兩個向量中間加點：

$$\mathbf{a} \cdot \mathbf{b} = \sum_{i=1}^{n} a_i b_i$$

vectorA 與 vectorB 兩個 RealVector 物件的點乘積：

```
double dotProduct = vectorA.dotProduct(vectorB);
```

若向量是矩陣形式，可以使用矩陣乘法，因為 $\mathbf{a} \cdot \mathbf{b} = \mathbf{a}\mathbf{b}^T$，左邊是點乘積而右邊是矩陣乘法：

$$\mathbf{a}^T\mathbf{b} = \begin{pmatrix} a_{1,1} & a_{1,2} & \cdots & a_{1,n} \end{pmatrix} \begin{pmatrix} b_{1,1} \\ b_{2,1} \\ \vdots \\ b_{n,1} \end{pmatrix}$$

向量 **a** 與 **b** 的矩陣乘法回傳 1×1 矩陣：

```
/* matrixA 與 matrixB 都是 mx1 欄的向量 */
RealMatrix innerProduct = matrixA.transpose().multiply(matrixB);

/* 結果儲存在矩陣唯一的元素中 */
double dotProduct = innerProduct.getEntry(0,0);
```

雖然矩陣乘法不像點乘積一樣實用，但它說明了向量與矩陣運算間的重要關係。

外積

維度 m 的向量 **a** 與維度 n 的向量 **b** 的外積回傳 $m \times n$ 維度的新矩陣：

$$\mathbf{ab}^T = \begin{pmatrix} a_{1,1} \\ a_{2,1} \\ \vdots \\ a_{m,1} \end{pmatrix} \begin{pmatrix} b_{1,1} & b_{1,2} & \cdots & b_{1,n} \end{pmatrix} = \begin{pmatrix} a_{1,1}b_{1,1} & a_{1,1}b_{1,2} & \cdots & a_{1,1}b_{1,n} \\ a_{2,1}b_{1,1} & a_{2,1}b_{1,2} & \cdots & a_{2,1}b_{1,n} \\ \vdots & \vdots & \ddots & \vdots \\ a_{m,1}b_{1,1} & a_{m,1}b_{1,2} & \cdots & a_{m,1}b_{1,n} \end{pmatrix}$$

要記得 $\mathbf{ab}^T$ 維度為 $m \times n$ 且不等於維度為 $n \times m$ 的 $\mathbf{ba}^T$。RealMatrix.outerProduct() 方法保存此順序並回傳正確維度的 RealMatrix 實例：

```
/* 向量 a 與 b 的外積 */
RealMatrix outerProduct = vectorA.outerProduct(vectorB);
```

若向量是矩陣形式，外積可改用 RealMatrix.multiply() 方法計算：

```
/* matrixA 與 matrixB 都是 n x 1 欄的向量 */
RealMatrix outerProduct = matrixA.multiply(matrixB.transpose());
```

元素間的積

向量每個元素間互乘的積又稱為 Hadamard 積或 Schur 積。兩個向量必須有相同的維度，產生的結果也因此是相同維度：

$$\mathbf{a} \circ \mathbf{b} = (a_1b_1, a_2b_2, ..., a_nb_n)$$

RealVector.ebeMultiply(RealVector) 可執行此運算,其中 ebe 是 *element by element* 的縮寫。

```
/* 計算向量 a 與 b 元素間的乘法 */
RealVector vectorATimesVectorB = vectorA.ebeMultiply(vectorB);
```

RealVector.ebeDivision(RealVector) 執行類似的元素間除法運算。

別搞混元素間的積與矩陣積(包括內外積)。大部分演算法使用矩陣積,但元素積在需要以相對應權重向量縮放整個向量等計算中很方便。

Apache Commons Math 目前並未實作矩陣對矩陣的 Hadamard 積,但我們可以如此原生的撰寫:

```java
public class MatrixUtils {

    public static RealMatrix ebeMultiply(RealMatrix a, RealMatrix b) {
        int rowDimension = a.getRowDimension();
        int columnDimension = a.getColumnDimension();
        RealMatrix output = new Array2DRowRealMatrix(rowDimension,
            columnDimension);
        for (int i = 0; i < rowDimension; i++) {
            for (int j = 0; j < columnDimension; j++) {
                output.setEntry(i, j, a.getEntry(i, j) * b.getEntry(i, j));
            }
        }
        return output;
    }
}
```

實作方式:

```java
/* matrixA 與 matrixB 的元素對元素積 */
RealMatrix hadamardProduct = MatrixUtils.ebeMultiply(matrixA, matrixB);
```

複合運算

你會經常遇到涉及多個向量與矩陣的複合形式,像是產生單一純量值的 $\mathbf{x}^T\mathbf{Ax}$。有時候分段或不依序計算會比較方便。在這種情況下,我們可以先計算向量 $\mathbf{v} = \mathbf{Ax}$ 然後找出 $\mathbf{x}$。$\mathbf{v}$ 點(內)積:

```
double[] xData = {1, 2, 3};
double[][] aData = {{1, 3, 1}, {0, 2, 0}, {1, 5, 3}};
RealVector vectorX = new ArrayRealVector(xData);
RealMatrix matrixA = new Array2DRowRealMatrix(aData);
double d = vectorX.dotProduct(matrixA.operate(vectorX));
// d = 78
```

另一種方式是先使用 RealMatrix.premultiply() 進行向量乘矩陣然後計算兩個向量間的內積（點乘積）：

```
double d = matrixA.premultiply(vecotrX).dotProduct(vectorX);
//d = 78
```

若向量為矩陣格式的欄向量，我們可以只使用矩陣方法，但要注意結果也是矩陣：

```
RealMatrix matrixX = new Array2DRowRealMatrix(xData);
/* 結果為 1x1 矩陣 */
RealMatrix matrixD = matrixX.transpose().multiply(matrixA).multiply(matrixX);
d = matrixD.getEntry(0, 0); // 78
```

仿射變換

一種程序以線性映射 $n \times p$ 維度矩陣 **A** 與長度 p 的轉換向量 **B** 以轉換長度 n 的向量 **x**，其關係為：

$$f(\mathbf{x}) = \mathbf{Ax} + \mathbf{b}$$

此程序稱為仿射變換。為了方便，我們設 $\mathbf{z} = f(\mathbf{x})$，將向量 **x** 移動到另一邊，定義 $\mathbf{W} = \mathbf{A}^T$，維度為 $p \times n$ 使：

$$\mathbf{z} = \mathbf{x}^T \mathbf{W} + \mathbf{b}$$

特別是，我們常在學習和預測演算法中遇到這種形式，特別要注意 **x** 是一個觀測的多維向量，而不是多個觀測的一維向量。它寫出來像這樣：

$$
\begin{pmatrix} z_1 & z_2 & \cdots & z_p \end{pmatrix} = \begin{pmatrix} x_1 & x_2 & \cdots & x_n \end{pmatrix} \begin{pmatrix} \omega_{1,1} & \omega_{1,2} & \cdots & \omega_{1,p} \\ \omega_{2,1} & \omega_{2,2} & \cdots & \omega_{2,p} \\ \vdots & \vdots & \ddots & \vdots \\ \omega_{n,1} & \omega_{n,2} & \cdots & \omega_{n,p} \end{pmatrix} + \begin{pmatrix} \beta_1 & \beta_2 & \cdots & \beta_p \end{pmatrix}
$$

我們也可以這樣表示 $m \times n$ 矩陣 $\mathbf{X}$ 的仿射變換：

$$
\mathbf{Z} = \mathbf{X}\mathbf{W} + \mathbf{B}
$$

$\mathbf{B}$ 的維度是 $m \times p$：

$$
\mathbf{Z} = \begin{pmatrix} x_{1,1} & x_{1,2} & \cdots & x_{1,n} \\ x_{2,1} & x_{2,2} & \cdots & x_{2,n} \\ \vdots & \vdots & \ddots & \vdots \\ x_{m,1} & x_{m,2} & \cdots & x_{m,n} \end{pmatrix} \begin{pmatrix} \omega_{1,1} & \omega_{1,2} & \cdots & \omega_{1,p} \\ \omega_{2,1} & \omega_{2,2} & \cdots & \omega_{2,p} \\ \vdots & \vdots & \ddots & \vdots \\ \omega_{n,1} & \omega_{n,2} & \cdots & \omega_{n,p} \end{pmatrix} + \begin{pmatrix} \beta_{1,1} & \beta_{1,2} & \cdots & \beta_{1,p} \\ \beta_{2,1} & \beta_{2,2} & \cdots & \beta_{2,p} \\ \vdots & \vdots & \ddots & \vdots \\ \beta_{m,1} & \beta_{m,2} & \cdots & \beta_{m,p} \end{pmatrix}
$$

在大部分情況下，我們需要轉換矩陣與長度 p 的向量 $\mathbf{b}$ 具有相同的列使運算式變成：

$$
\mathbf{Z} = \mathbf{X}\mathbf{W} + \mathbf{h}\mathbf{b}^T
$$

$\mathbf{h}$ 是 1 組成的 m 長度欄向量。請注意，這兩個向量的外積建構出一個 $m \times p$ 矩陣。它寫出來像這樣：

$$
\mathbf{Z} = \begin{pmatrix} x_{1,1} & x_{1,2} & \cdots & x_{1,n} \\ x_{2,1} & x_{2,2} & \cdots & x_{2,n} \\ \vdots & \vdots & \ddots & \vdots \\ x_{m,1} & x_{m,2} & \cdots & x_{m,n} \end{pmatrix} \begin{pmatrix} \omega_{1,1} & \omega_{1,2} & \cdots & \omega_{1,p} \\ \omega_{2,1} & \omega_{2,2} & \cdots & \omega_{2,p} \\ \vdots & \vdots & \ddots & \vdots \\ \omega_{n,1} & \omega_{n,2} & \cdots & \omega_{n,p} \end{pmatrix} + \begin{pmatrix} 1 \\ 1 \\ \vdots \\ 1 \end{pmatrix} \begin{pmatrix} \beta_1 & \beta_2 & \cdots & \beta_p \end{pmatrix}
$$

這是個重要的函式，我們會將它加入我們的 MatrixOperations 類別中：

```
public class MatrixOperations {
...
    public static RealMatrix XWplusB(RealMatrix x, RealMatrix w, RealVector b) {
        RealVector h = new ArrayRealVector(x.getRowDimension(), 1.0);
        return x.multiply(w).add(h.outerProduct(b));
    }
...
}
```

映射函式

我們經常需要映射函式 φ 到向量 z 的內容使結果為與 z 外形相同的新向量 y：

$$\mathbf{y} = \varphi(\mathbf{z})$$

Commons Math API 有個 RealVector.map(UnivariateFunctionfunction) 方法可執行這個運算。大部分標準函式與其他函式包含在實作 UnivariateFunction 界面的 Commons Math 中。呼叫方式如下：

```
// 映射 exp 與向量輸入到新的向量輸出
RealVector output = input.map(new Exp());
```

對 Commons Math 沒有包含的形式，可以自行建構 UnivariateFunction 類別。請注意，此方法並未改變輸入向量。若要原處改變輸入向量：

```
// 映射 exp 與向量輸入並覆寫其值
input.mapToSelf(new Exp());
```

有時候我們想要套用單變量函式到矩陣的每個元素上。Apache Commons Math API 提供優雅的執行方式，它甚至對稀疏矩陣也很有效率。它是 RealMatrix.walkInOptimizedOrder(RealMatrixChangingVisitor visitor) 方法。要記得還有其他選項。我們可以依列或欄序檢視每個元素，這對某些運算很有用（或必要）。但若只是要獨立的修改矩陣的每個元素，則使用最佳化順序是最合適的演算法，因為它可操作 2D 陣列、區塊或稀疏儲存體。第一個步驟是建構一個擴充 RealMatrixChangingVisitor 界面的類別（作為映射函式）並實作必要方法：

```
public class PowerMappingFunction implements RealMatrixChangingVisitor {

    private double power;
```

```
public PowerMappingFunction(double power) {
    this.power = power;
}

@Override
public void start(int rows, int columns, int startRow, int endRow,
    int startColumn, int endColumn) {
    // 操作開始前呼叫 ... 此例不需要
}

@Override
public double visit(int row, int column, double value) {
    return Math.pow(value, power);
}

@Override
public double end() {
    // 造訪所有元素後呼叫 ... 此例不需要
    return 0.0;
}
```

然後映射必要的函式到現有矩陣,將類別實例傳給 walkInOptimizedOrder() 方法:

```
/* 將矩陣的每個元素 x 更新成 x^1.2 */
matrix.walkInOptimizedOrder(new PowerMappingFunction(1.2));
```

我們也可以利用 Apache Commons Math 內建實作 UnivariateFunction 界面的分析函式映射現有函式到矩陣的每個元素上:

```
public class UnivariateFunctionMapper implements RealMatrixChangingVisitor {

    UnivariateFunction univariateFunction;

    public UnivariateFunctionMapper(UnivariateFunction univariateFunction) {
        this.univariateFunction = univariateFunction;
    }

    @Override
    public void start(int rows, int columns, int startRow, int endRow,
            int startColumn, int endColumn) {
        //NA
    }

    @Override
    public double visit(int row, int column, double value) {
```

```
        return univariateFunction.value(value);
    }

    @Override
    public double end() {
        return 0.0;
    }
}
```

此界面可加以利用，例如擴充前面的仿射變換靜態方法：

```
public class MatrixOperations {
...
    public static RealMatrix XWplusB(RealMatrix X, RealMatrix W, RealVector b,
            UnivariateFunction univariateFunction) {

        RealMatrix z = XWplusB(X, W, b);
        z.walkInOptimizedOrder(new UnivariateFunctionMapper(univariateFunction));
        return z;
    }
...
}
```

因此若想要映射 sigmoid（邏輯）函數與仿射變換時，我們可以這麼做：

```
// 對輸入的矩陣 x、高 w 與偏差 b，映射 sigmoid 到所有元素
MatrixOperations.XWplusB(x, w, b, new Sigmoid());
```

此處有兩件重要的事情。首先是注意有個造訪矩陣每個元素但不會改變它的不變造訪程序。另一件要注意的事是方法。唯一需要實作的方法是 visit()，它應該要回傳每個輸入值的新值。start() 與 end() 方法都不需要（特別是在此例中）。start() 方法在開始所有運算前呼叫。因此，舉例來說，假設後續計算中需要矩陣行列式，我們可以在 start() 方法中計算，儲存在類別變數中，然後在 visit() 運算中使用。類似的，end() 在造訪過所有元素後呼叫。我們可以用它累計度量、造訪數甚或誤差信號。無論是什麼情況，end() 在所有工作完成後回傳值。你無需在 end() 方法中進行任何邏輯，但至少可回傳像是 0.0 等有效的雙精度作為佔位。請注意，RealMatrix.walkInOptimizedOrder(RealMatrixChangingVisitor visitor, int startRow, int endRow, int startColumn, int endColumn) 方法只操作其指示範圍內的子矩陣。想要原處修改矩陣特定區域並保存其餘部分不變時使用此方法。

分解矩陣

考慮到我們對矩陣乘法的認識，很容易想象任何矩陣可以分解成其他矩陣。分解矩陣可有效率且穩定的計算重要的矩陣屬性。舉例來說，雖然矩陣反轉與矩陣行列式有明確的代數公式，但先分解矩陣然後再反轉是最好的。此行列式直接來自 Cholesky 或 LU 分解。此處使用的矩陣分解都能解決線性系統與以此反轉矩陣。表 2-1 列出 Apache Commons Math 實作的各種矩陣分解的屬性。

表 2-1　矩陣分解屬性

分解	矩陣類型	解算	反轉	行列式
Cholesky	正定矩陣	精確	✓	✓
Eigen	方	精確	✓	✓
LU	方	精確	✓	✓
QR	任何	最小平方	✓	
SVD	任何	最小平方	✓	

Cholesky 分解

矩陣 $\mathbf{A}$ 的 Cholesky 分解使 $\mathbf{A} = \mathbf{LL}^\mathrm{T}$，$\mathbf{L}$ 是下三角矩陣，而上三角（在對角線上）是零：

$$
\mathbf{A} = \begin{pmatrix} l_{1,1} & 0 & \cdots & 0 \\ l_{2,1} & l_{2,2} & \cdots & 0 \\ \vdots & \vdots & \ddots & \vdots \\ l_{n,1} & l_{n,2} & \cdots & l_{n,n} \end{pmatrix} \begin{pmatrix} l_{1,1} & l_{1,2} & \cdots & l_{1,n} \\ 0 & l_{2,2} & \cdots & l_{2,n} \\ \vdots & \vdots & \ddots & \vdots \\ 0 & 0 & \cdots & l_{n,n} \end{pmatrix}
$$

```
CholeskyDecomposition cd = new CholeskyDecomposition(matrix);
RealMatrix l = cd.getL();
```

Cholesky 分解僅對對稱矩陣有效。Cholesky 的主要用途是計算多項分配式的隨機變數。

LU 分解

lower-upper（*LU*）分解將矩陣 $\mathbf{A}$ 分解成下對角線矩陣 $\mathbf{L}$ 與上對角線矩陣 $\mathbf{U}$ 使 $\mathbf{A} = \mathbf{LU}$：

$$
\mathbf{A} = \begin{pmatrix} l_{1,1} & 0 & \cdots & 0 \\ l_{2,1} & l_{2,2} & \cdots & 0 \\ \vdots & \vdots & \ddots & \vdots \\ l_{n,1} & l_{n,2} & \cdots & l_{n,n} \end{pmatrix} \begin{pmatrix} u_{1,1} & u_{1,2} & \cdots & u_{1,n} \\ 0 & u_{2,2} & \cdots & u_{2,n} \\ \vdots & \vdots & \ddots & \vdots \\ 0 & 0 & \cdots & u_{n,n} \end{pmatrix}
$$

```
LUDecomposition lud = new LUDecomposition(matrix);
RealMatrix u = lud.getU();
RealMatrix l = lud.getL();
```

LU 分解可用於解未知數等於等式數量的線性方程組。

QR 分解

QR 分解將矩陣 **A** 分解成列單位向量 **Q** 和上三角矩陣 **R** 的正交矩陣：

$$
\mathbf{A} = \begin{pmatrix} q_{1,1} & q_{1,2} & \cdots & q_{1,m} \\ q_{2,1} & q_{2,2} & \cdots & q_{2,m} \\ \vdots & \vdots & \ddots & \vdots \\ q_{m,1} & q_{m,2} & \cdots & q_{m,m} \end{pmatrix} \begin{pmatrix} r_{1,1} & r_{1,2} & \cdots & r_{1,n} \\ 0 & r_{2,2} & \cdots & r_{2,n} \\ \vdots & \vdots & \ddots & \vdots \\ 0 & 0 & \cdots & r_{m,n} \end{pmatrix}
$$

```
QRDecomposition qrd = new QRDecomposition(matrix);
RealMatrix q = lud.getQ();
RealMatrix r = lud.getR();
```

QR 分解（與類似的分解）的主要用於特徵值分解的計算，因為每個 **Q** 欄都是正交的。QR 分解也可解決過多線性聯立方程式。這種狀況通常是資料集的資料點（列）大於維度（欄數）。使用 QR 分解（相對於 SVD）的好處是容易獲得可以直接從 R 計算的解參數的誤差。

奇異值分解

奇異值分解（SVD）將 $m \times n$ 的矩陣 **A** 分解使 $\mathbf{A} = \mathbf{U\Sigma V}^{\mathrm{T}}$，**U** 是 $m \times m$ 么正矩陣，**S** 是 $m \times n$ 實數非負值對角矩陣，**V** 是 $n \times n$ 么正矩陣。作為么正矩陣，**U** 與 **V** 均有 $\mathbf{UU}^{\mathrm{T}} = \mathbf{I}$ 屬性，**I** 是單位矩陣。

$$
\mathbf{A} = \begin{pmatrix} u_{1,1} & u_{1,2} & \cdots & u_{1,m} \\ u_{2,1} & u_{2,2} & \cdots & u_{2,m} \\ \vdots & \vdots & \ddots & \vdots \\ u_{m,1} & u_{m,2} & \cdots & u_{m,m} \end{pmatrix} \begin{pmatrix} s_{1,1} & 0 & \cdots & 0 & \cdots & 0 \\ 0 & s_{2,2} & \cdots & 0 & \cdots & 0 \\ \vdots & \vdots & \ddots & \vdots & & \vdots \\ 0 & 0 & \cdots & s_{n,n} & \cdots & 0_{m,n} \end{pmatrix} \begin{pmatrix} v_{1,1} & v_{2,1} & \cdots & v_{n,1} \\ v_{1,2} & v_{2,2} & \cdots & v_{n,2} \\ \vdots & \vdots & \ddots & \vdots \\ v_{1,n} & v_{2,n} & \cdots & v_{n,n} \end{pmatrix}
$$

在很多案例中，$m \geq n$；矩陣的列數大於或等於欄數。在這種情況下無需計算完整的 SVD，可進行稱為 *thin SVD* 的更有效率的計算，其中 $\mathbf{U}$ 是 $m \times n$，$\mathbf{S}$ 是 $n \times n$，$\mathbf{V}$ 是 $n \times n$。實際上還有 $m \leq n$ 的狀況，因此我們可以採用兩個維度中較小的一個：$p = min(m, n)$。Apache Commons Math 以此方式實作：

```
/* 矩陣為 m x n 而 p - min(m,n) */
SingularValueDecomposition svd = new SingularValueDecomposition(matrix);
RealMatrix u = svd.getU(); // m x p
RealMatrix s = svd.getS(); // p x p
RealMatrix v = svd.getV(); // p x n
/* 從 S 的對角線由高到低讀取值 */
double[] singularValues = svd.getSingularValues();
/* 也可以得到輸入矩陣的協方差 */
double minSingularValue = 0;// 0 或負值表示所有 sv 都用到
RealMatrix cov = svd.getCovariance(minSingularValue);
```

奇異值分解有多種實用屬性。如同特徵分解，它用於將矩陣 $\mathbf{A}$ 降為更小的維度，只保存其中最有用的部分。還有，如同線性解算，SVD 可對任何形狀的矩陣運算，特別是維度（欄）數量大於資料點（列）數量非常多的系統。

Eigen 分解

特徵分解的目標是將矩陣 $\mathbf{A}$ 重新組織成一組獨立和正交的列向量，稱為特徵向量。每個特徵向量有個可用於從最重要（最高特徵值）到最不重要（最低特徵值）進行特徵向量排行的特徵值。然後我們可以選擇只使用最高特徵向量表示矩陣 $\mathbf{A}$。基本上我們是計算是否有某種方式完全（或接近完全）的以較少維度描述矩陣 $\mathbf{A}$？

對矩陣 $\mathbf{A}$，向量 $\mathbf{x}$ 與常數 λ 有個解使 $\mathbf{Ax} = \lambda\mathbf{x}$。可能有多個解（即 $\mathbf{x}$ 與 λ 對）。lambda 的所有可能值稱為特徵值，而所有相對應的向量稱為特徵向量。對稱、實數矩陣 $\mathbf{A}$ 的特徵分解表示為 $\mathbf{A} = \mathbf{VDV}^\mathrm{T}$。結果通常寫為對角 $m \times m$ 矩陣 $\mathbf{D}$，特徵值在對角線上且 $m \times m$ 的矩陣 $\mathbf{V}$ 的欄向量為特徵向量。

$$
\mathbf{A} = \begin{pmatrix} v_{1,1} & v_{1,2} & \cdots & v_{1,m} \\ v_{2,1} & v_{2,2} & \cdots & v_{2,m} \\ \vdots & \vdots & \ddots & \vdots \\ v_{m,1} & v_{m,2} & \cdots & v_{m,m} \end{pmatrix} \begin{pmatrix} d_{1,1} & 0 & \cdots & 0 \\ 0 & d_{2,2} & \cdots & 0 \\ \vdots & \vdots & \ddots & \vdots \\ 0 & 0 & \cdots & d_{m,m} \end{pmatrix} \begin{pmatrix} v_{1,1} & v_{2,1} & \cdots & v_{m,1} \\ v_{1,2} & v_{2,2} & \cdots & v_{m,2} \\ \vdots & \vdots & \ddots & \vdots \\ v_{1,m} & v_{2,m} & \cdots & v_{m,m} \end{pmatrix}
$$

特徵值分解有多種執行方法。實務上我們通常只需要 Apache Commons Math 的 org. apache.commons.math3.linear.EigenDecomposition 類別實作的最簡單的形式。特徵值與特徵向量依特徵值降冪排序。換句話說,第一個特徵向量(矩陣 Q 的第零個欄)是最高位的特徵向量。

```
double[][] data = {{1.0, 2.2, 3.3}, {2.2, 6.2, 6.3}, {3.3, 6.3, 5.1}};
RealMatrix matrix = new Array2DRowRealMatrix(data);

/* 計算特徵值矩陣 D 與特徵向量矩陣 V */
EigenDecomposition eig = new EigenDecomposition(matrix);

/* 實(或虛)特徵值以雙精度陣列讀取 */
double[] eigenValues = eig.getRealEigenvalues();

/* 個別特徵值也可直接從 D 讀取 */
double firstEigenValue = eig.getD().getEntry(0, 0);

/* 第一個特徵值可如此讀取 */
RealVector firstEigenVector = eig.getEigenvector(0);

/* 記得特徵向量只是 V 的欄 */
RealVector firstEigenVector = eig.getV.getColumn(0);
```

行列式

行列式是計算自矩陣的純量值,通常視為多項式分配的一個分量。矩陣 **A** 的行列式寫為 |**A**|。Cholesky、eigen 與 LU 分解類別提供了行列式的存取:

```
/* 以 Cholesky 分解計算行列式 */
double determinant = new CholeskyDecomposition(matrix).getDeterminant();

/* 以 eigen 分解計算行列式 */
double determinant = new EigenDecomposition(matrix).getDeterminant();

/* 以 LU 分解計算行列式 */
double determinant = new LUDecomposition(matrix).getDeterminant();
```

反矩陣

反矩陣的概念類似反轉實數 $\Re$ 使 $\Re(1/\Re) = 1$。請注意，這也可以寫為 $\Re\Re^{-1} = 1$。類似的，矩陣 $\mathbf{A}$ 的反轉寫為 $\mathbf{A}^{-1}$ 且存在 $\mathbf{A}\mathbf{A}^{-1} = \mathbf{I}$ 的關係，$\mathbf{I}$ 是單位矩陣。雖然有直接計算反矩陣的公式，但對大矩陣很麻煩且數值不穩定。Apache Commons Math 的每個分解方法都有實作需要在其線性系統解中有反矩陣的 DecompositionSolver 界面。反矩陣可從 DecompositionSolver 類別的存取方法讀取。若矩陣類型與所使用的方法相容則分解方法提供一個反矩陣：

```
/* 以 cholesky、LU、Eigen、QR 或 SVD 分解反方矩陣 */
RealMatrix matrixInverse = new LUDecomposition(matrix).getSolver().getInverse();
```

反矩陣也可從奇異值分解計算：

```
/* 以 QR 或 SVD 分解反方或長方矩陣 */
RealMatrix matrixInverse =
new SingularValueDecomposition(matrix).getSolver().getInverse();
```

或從 QR 分解：

```
/* 可求長方矩陣，非奇異點矩陣會拋出錯誤 */
RealMatrix matrixInverse = new QRDecomposition(matrix).getSolver().getInverse();
```

反矩陣用於矩陣從等式一邊透過除法移動到另一邊。另一種常見的應用是計算多項式分配的馬哈拉諾比斯距離。

解線性系統

從這一章的開頭我們就描述 $\mathbf{XW} = \mathbf{Y}$ 系統為線性代數的基本概念。通常，我們還會引入不相依 x 的截距或位移項 β 使

$$y_{1,1} = \beta + x_{1,1}\omega_{1,1} + x_{1,2}\omega_{2,1} + \cdots + x_{1,n}\omega_{n,1}$$

引入截距項有兩個選項，第一個是加入 1 的欄到 $\mathbf{X}$ 與未知列到 $\mathbf{W}$。選擇什麼欄與列配對不重要，只要 $j = i$。此處我們選擇 $\mathbf{X}$ 的最後欄與 $\mathbf{W}$ 的最後列：

$$\begin{pmatrix} x_{1,1} & x_{1,2} & \cdots & x_{1,n} & 1 \\ x_{2,1} & x_{2,2} & \cdots & x_{2,n} & 1 \\ \vdots & \vdots & \ddots & \vdots & \vdots \\ x_{m,1} & x_{m,2} & \cdots & x_{m,n} & 1 \end{pmatrix} \begin{pmatrix} \omega_{1,1} & \omega_{1,2} & \cdots & \omega_{1,p} \\ \omega_{2,1} & \omega_{2,2} & \cdots & \omega_{2,p} \\ \vdots & \vdots & \ddots & \vdots \\ \omega_{n+1,1} & \omega_{n+1,2} & \cdots & \omega_{n+1,p} \end{pmatrix} = \begin{pmatrix} y_{1,1} & y_{1,2} & \cdots & y_{1,p} \\ y_{2,1} & y_{2,2} & \cdots & y_{2,p} \\ \vdots & \vdots & \ddots & \vdots \\ y_{m,1} & y_{m,2} & \cdots & y_{m,p} \end{pmatrix}$$

請注意，此例中 **W** 的欄是獨立的。因此，除了方便在一段程式碼中執行運算外，我們只需找出 p 個分隔線性模型：

```
/* 資料 */
double[][] xData = {{0, 0.5, 0.2}, {1, 1.2, .9}, {2, 2.5, 1.9}, {3, 3.6, 4.2}};
double[][] yData = {{-1, -0.5}, {0.2, 1}, {0.9, 1.2}, {2.1, 1.5}};

/* 以位移作為最後欄建構 X */
double[] ones = {1.0, 1.0, 1.0, 1.0};
int xRows = 4;
int xCols = 3;
RealMatrix x = new Array2DRowRealMatrix(xRows, xCols + 1);
x.setSubMatrix(xData, 0, 0);
x.setColumn(3, ones); // 第四欄的索引是 3！！！

/* 建構 Y */
RealMatrix y = new Array2DRowRealMatrix(yData);

/* 找出 W 值 */
SingularValueDecomposition svd = new SingularValueDecomposition(x);
RealMatrix solution = svd.getSolver().solve(y);
System.out.println(solution);
// {{1.7,3.1},{-0.9523809524,-2.0476190476},
//  {0.2380952381,-0.2380952381},{-0.5714285714,0.5714285714}}
```

對此參數值，此等式系統的解為：

$$y_1 = 1.7x_1 - 0.95x_2 + 0.24x_3 - 0.57$$

$$y_2 = 3.1x_1 - 2.05x_2 - 0.24x_3 + 0.57$$

引入截距第二個選項是知道前面的代數表示式等同本章前面所述的矩陣的仿射變換：

$$\mathbf{Y} = \mathbf{XW} + \mathbf{hb}^T$$

這種形式的線性系統有個好處是我們無需調整任何矩陣的大小。前面的範例程式碼僅調整矩陣的大小一次且不是什麼問題，但第五章會解決調整矩陣大小很麻煩且無效率的多層次線性模型（深網路）。在這種情況下，以代數表示線性模型更方便，使 **W** 與 **b** 完全分離。

統計

在資料科學中套用基本統計原理可看穿資料。統計是有力的工具，正確的使用有助於決策過程。但統計很容易誤用。一個例子是安斯庫姆四重奏（圖 3-1），它展示四個不同的資料集能產生近乎相同的統計。很多情況下，簡單繪製的圖表可提醒我們資料中確實發生了什麼事。以安斯庫姆四重奏為例，我們可以立即挑出這些特徵：左上圖中，x 與 y 似乎是線性，但有雜訊。右上圖中，x 與 y 組成非線性的峰關係。左下，x 與 y 是精確的線性，除了一個異常值。右下顯示 y 是 $x = 8$ 的統計分佈且在 $x = 19$ 有個異常值。無論每個圖看起來有多不同，以標準統計計算每一組資料時結果都相同。很明顯我們的眼睛是最強的資料處理工具！但我們不一定能將資料如此的視覺化。很多時候資料在 x 是多維的，或許 y 也是。雖然我們可以繪製每個 x 的維度與 y 以獲取資料集的特徵，但我們會失去 x 的變量間的相依性。

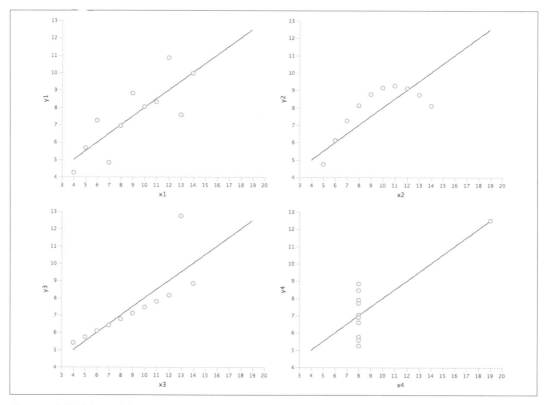

圖 3-1　安斯庫姆四重奏

資料機率的起源

在本書前面，我們定義資料點為特定時空發生事件的記錄。我們可用狄拉克函數 $\delta(x)$ 表示一個數據（資料點），除 $x = 0$ 為 ∞ 外其餘均等於零。我們能以 $\delta(x - x_i)$ 進一步歸納表示此狄拉克函數除 $x = x_i$ 為 ∞ 外均等於零。我們可以問是否有什麼東西推動資料點的發生？

機率密度

有時候資料來自已知來源，可用 $f(x)$ 函數形式描述，而通常會以某種參數 θ 改變並寫為 $f(x; \theta)$。$f(x)$ 有各種形式，大部分來自觀察自然界的行為。接下來我們會討論最常見的幾個連續與離散隨機分佈。

我們可以將每個位置的所有機率加在一起作為變數 x 的函數：

$$f(x) = \sum_{i=1}^{n} p_i \delta(x - x_i)$$

或離散整數變數 k：

$$f(x) = f(k)\delta(x - k)$$

請注意，$f(x)$ 能夠大於 1。機率密度不是機率，而是區域密度。要判斷機率，我們必須對 x 的不定範圍的機率密度積分。對此我們通常使用累積分佈函數。

累積分布

我們要求機率分佈函式（PDF）正確的正規化使所有空間整合後回傳事件發生的百分之百機率：

$$F = \int_{\infty}^{\infty} f(x)\, dx = 1$$

但我們也可以計算事件還未發生而發生在點 x 的累積機率：

$$F(x) = \int_{\infty}^{x} f(x')\, dx'$$

請注意，累積分佈函數是單調函數（隨著 x 增加而增加）且（幾乎）總是 S 型（傾斜的 S）。對還未發生的事件，發生在 x 的機率是？對大值 x，$P = 1$。我們強加這個條件，以便我們可以確定這個事件肯定發生在一定的時間間隔內。

統計矩

雖然在一個已知的機率分佈 $f(x)$ 上提供了累積分佈函數（或者如果在整個空間上是 1），但 x 的相加冪就是定義統計矩。對已知的統計分佈，統計矩是圍繞中心點 c 的階數 k 的期望值，並且可以如下求出：

$$\mu_k = \int_{\infty}^{\infty} (x - c)^k f(x)\, dx$$

特殊數量，x 的期望值或平均值出現在 $c = 0$ 的第一矩 $k = 1$：

$$\mu = \int_{\infty}^{\infty} x f(x) \, dx$$

這個平均值的高階矩 $k > 1$ 被稱為平均值的中心矩且與描述性統計有關。它們是如下表示：

$$\mu_{k > 1} = \int_{\infty}^{\infty} (x - \mu)^k f(x) \, dx$$

平均值的第二，第三和第四個中心矩具有統計意義。我們將變異常值 σ^2 定義為第二個矩：

$$\sigma^2 = \mu_2$$

它的平方根是標準偏差 σ，是資料與平均值分佈的距離。偏度 γ 是衡量分佈如何不對稱的一個度量並與平均值的第三個中心矩有關：

$$\gamma = \frac{\mu_3}{\sigma^3}$$

峰度是衡量分佈尾部有多重的指標，並且與平均值的第四個中心矩相關：

$$\kappa = \frac{\mu_4}{\sigma^4}$$

下一節討論常態分佈，它是最常見與有用的機率分佈之一。常態分佈的峰度 kappa = 3。由於我們經常與常態分佈比較，超值峰度的定義如下：

$$\kappa = \frac{\mu_4}{\sigma^4} - 3$$

我們定義了常態分佈的**峰度**（尾肥度）。請注意，很多所謂的峰度其實是指超值峰度。兩詞可交換使用。

高階矩是可能的，並且在資料科學周圍有各種的應用。本書討論到第四矩為止。

熵

熵在統計中用於度量一個分佈中不可預測的資訊。連續分佈的熵如下：

$$\mathscr{H}(p) = \int_{\infty}^{\infty} p(x) \log_b (p(x)) \, dx$$

離散分佈的熵如下：

$$\mathscr{H}(p) = -\sum_i p(x_i) \log_b (p(x_i))$$

在熵範例圖表中（圖 3-2），我們看到當 0 或 1 的機率很高時熵是最低的，並且在 $p = 0.5$ 時熵是最大的，其中 0 和 1 都是可能的。

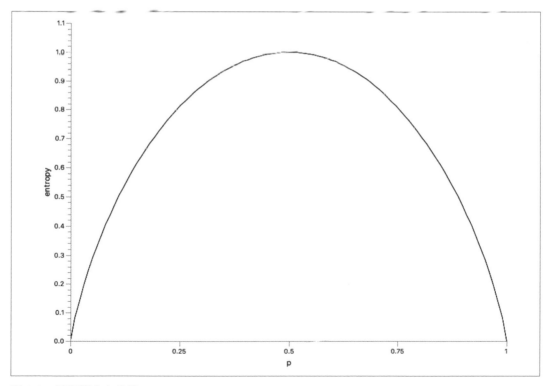

圖 3-2　伯努利分布的熵

我們也可以使用交叉熵檢視兩個分佈間的熵，其 *p(x)* 作為真分佈，*q(x)* 為測試分佈：

$$\mathcal{H}(p, q) = \int_{\infty}^{\infty} p(x) \log_b (q(x)) \, \mathrm{d}x$$

離散下：

$$\mathcal{H}(p, q) = -\sum_i p(x_i) \log_b (q(x_i))$$

連續分佈

一些已知的分佈形式已經被標示特徵並頻繁的使用。許多分佈來自現實世界對自然現象的觀察。無論是用實數還是整數描述變量來表示連續和離散的分佈，確定累積機率，統計矩和統計量的基本原則是相同的。

均勻

均勻分佈在其支持範圍 $x \in [a, b]$ 上具有恆定的機率密度，且在其他地方為零。實際上，這只是一個形式化的描述隨機的實數生成器的方式，在你熟悉的區間 **[0,1]** 上，例如 **java.util.Random.nextDouble()**。預設建構元設定下限 $a = 0.0$，上限 $b = 1.0$。均勻分佈的概率密度用圖形表示為帽或箱形，如圖 3-3 所示。

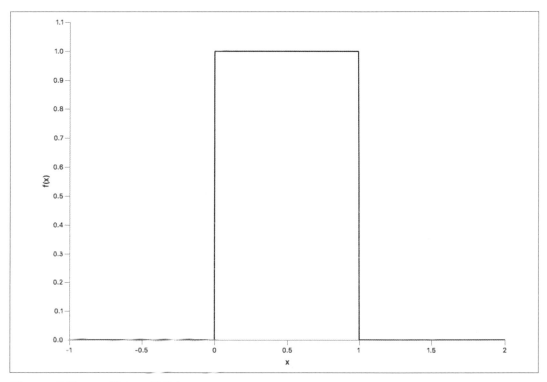

圖 3-3　參數 $a = 0$ 與 $b = 1$ 的均勻 PDF。

其具有下列數學形式：

$$f(x) = \begin{cases} \dfrac{1}{b-a} & \text{for } x \in [a, b] \\ 0 & \text{otherwise} \end{cases}$$

累積分佈函數（CDF）如圖 3-4 所示。

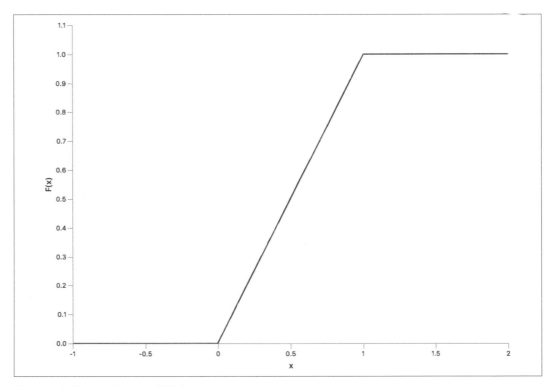

圖 3-4　參數 $a = 0$ 與 $b = 1$ 的均勻 CDF。

它的形式如下：

$$F(x) = \begin{cases} 0 & \text{for } x < a \\ \dfrac{x - a}{b - a} & \text{for } x \in [a, b) \\ 1 & \text{for } x \geq b \end{cases}$$

在均勻分佈中，平均值和方差不是直接指定的，而是從下限和上限計算出來的：

$$\mu = \frac{1}{2}(a + b)$$

$$\sigma^2 = \frac{1}{12}(b - a)^2$$

要以 Java 呼叫均勻分佈，使用 UniformDistribution(a, b) 類別，在建構元中指定上下限。建構元參數留空會呼叫標準均勻分佈，$a = 0$ 與 $b = 1.0$。

```
UniformRealDistribution dist = new UniformRealDistribution();
double lowerBound = dist.getSupportLowerBound(); // 0.0
double upperBound = dist.getSupportUpperBound(); // 1.0
double mean = dist.getNumericalMean();
double variance = dist.getNumericalVariance();
double standardDeviation = Math.sqrt(variance);
double probability = dist.density(0.5));
double cumulativeProbability = dist.cumulativeProbability(0.5);
double sample = dist.sample(); // 例如 0.023
double[] samples = dist.sample(3); // 例如 {0.145, 0.878, 0.431}
```

請注意，我們可以用 $a = \mu - \delta$ 與 $b = \mu + \delta$ 將均勻分佈重新參數化，μ 是中點（平均值）而 δ 是從中點到上下限的距離。然後方差變為 $\sigma^2 = \frac{\delta^2}{3}$，標準偏差 $\sigma = \frac{\delta}{\sqrt{3}}$。然後 PDF 是：

$$f(x) = \begin{cases} \dfrac{1}{2\delta} & \text{for } x \in [\mu - \delta, \mu + \delta] \\ 0 & \text{otherwise} \end{cases}$$

而 CDF 是：

$$F(x) = \begin{cases} 0 & \text{for } x < \mu - \delta \\ \dfrac{1}{2}\left(1 + \dfrac{x - \mu}{\delta}\right) & \text{for } x \in [\mu - \delta, \mu + \delta] \\ 1 & \text{for } x \geq \mu + \delta \end{cases}$$

要以中點形式表示此均勻分佈，計算 $a = \mu - \delta$ 與 $b = \mu + \delta$ 並輸入到建構元中：

```
/* 以 mean = 10 與 half-width = 2 初始化中點均勻 */
double mean = 10.0
double hw = 2.0;
```

```
double a = mean - hw;
double b = mean + hw;
UniformRealDistribution dist = new UniformRealDistribution(a, b);
```

此時，所有的方法都將回傳正確的結果而不需要進一步的修改。在嘗試比較分佈時，圍繞平均值的這種重新參數化可能會很有用。中點均勻分佈自然被常態分佈（或其他對稱峰值分佈）延伸。

常態

在各種案例中最有用和最廣泛的分佈是常態分佈。它又稱為高斯分佈或鐘形曲線，該分佈在寬度可變的中心峰對稱。在許多情況下，當我們稱某個東西有加減一定數量的平均值就是指常態分佈。例如，對於考試成績，解釋是少數人考得很好，少數人考得很糟，但是大多數人都落於平均或正中間。在常態分佈中，分佈的中心是最大峰值，也是分佈的平均值 μ。寬度由 σ 參數化，是該值的標準偏差。該分佈支援 $x \in [-\infty, \infty]$ 的所有值，如圖 3-5 所示。

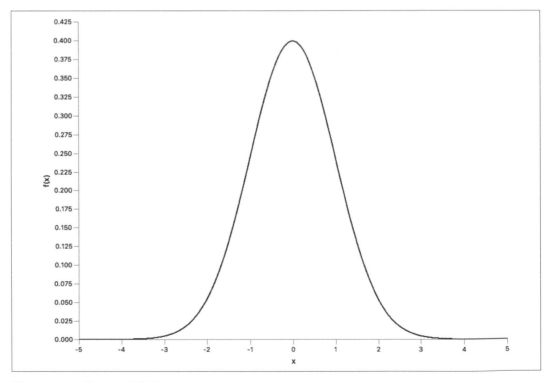

圖 3-5　$\mu = 0$ 與 $\sigma = 1$ 的常態 PDF

機率密度的數學表示如下：

$$f(x) = \frac{1}{\sqrt{2\pi}\sigma} \exp\left(-\frac{(x-\mu)^2}{2\sigma^2}\right)$$

累積分佈函數的形狀如圖 3-6 所示。

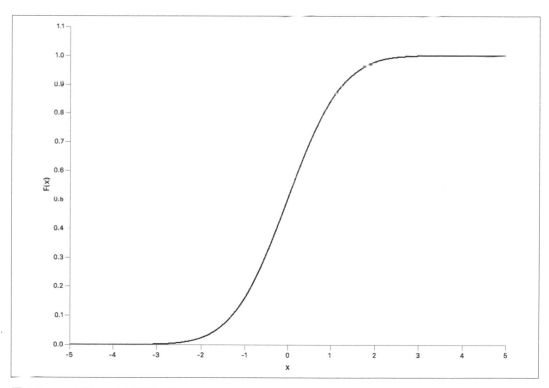

圖 3-6　$\mu = 0$ 與 $\sigma = 1$ 的常態 CDF

以誤差函數表示為：

$$F(x) = \frac{1}{2}\left[1 + \text{erf}\left(\frac{x-\mu}{\sigma\sqrt{2}}\right)\right]$$

以 Java 呼叫，預設建構元會以 $\mu = 0.0$ 與 $\sigma = 1.0$ 建構標準常態分佈。不然就傳入 μ 與 σ 參數給建構元：

```
/* 以預設的 mu=0 與 sigma=1 初始化 */
NormalDistribution dist = new NormalDistribution();
double mu = dist.getMean(); // 0.0
double sigma = dist.getStandardDeviation(); // 1.0
double mean = dist.getNumericalMean(); // 0.0
double variance = dist.getNumericalVariance(); // 1.0
double lowerBound = dist.getSupportLowerBound(); // - 無限大
double upperBound = dist.getSupportUpperBound(); // 無限大
/* 點 x = 0.0 的機率 */
double probability = dist.density(0.0);
/* 計算 x=0.0 的累積 */
double cumulativeProbability = dist.cumulativeProbability(0.0);
double sample = dist.sample(); // 1.0120001
double samples[] = dist.sample(3); // {.0102, -0.009, 0.011}
```

多元常態

常態分佈可以按照多元常態分佈（又稱多元常態分佈）推廣到更高的維數。變量 **x** 和平均值 **μ** 是向量，而協方差矩陣 **Σ** 包含對角線上的方差和作為 i,j 對的協方差。一般而言，多變量法線具有壓扁的球形並且平均值是對稱的。當協方差為 0 且方差相等時，對於單位法線，此分佈是完美的圓形（或球形）。隨機點的分佈示例如圖 3-7 所示。

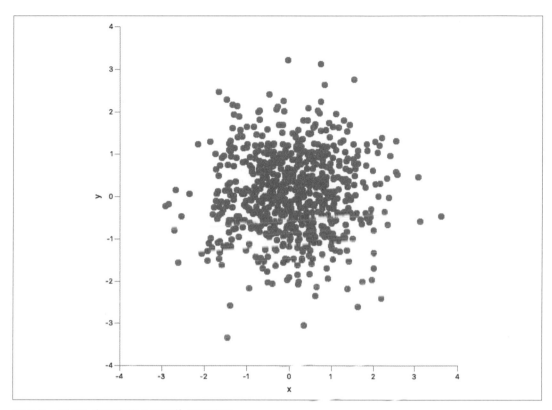

圖 3-7　從 2D 多元常態分佈產生的隨機點

p 維度分佈的機率分佈函數具有下列形式：

$$f(\mathbf{x}) = \frac{1}{(2\pi)^{p/2}|\Sigma|^{1/2}} \exp\left(-\frac{1}{2}(\mathbf{x} - \mu)^T \Sigma^{-1}(\mathbf{x} - \mu) \right)$$

注意如果協方差矩陣的行列式等於零使得 $|\Sigma| = 0$，則 $f(x)$ 漲到無窮大。還要注意，當 $|\Sigma| = 0$ 時，不可能計算所需的協方差 Σ^{-1} 的倒數。在這種情況下，矩陣被稱為奇異。如果出現這種情況，Apache Commons Math 將拋出以下例外：

```
org.apache.commons.math3.linear.SingularMatrixException: matrix is singular
```

什麼導致協方差矩陣變得奇異？這是共線性的一個症狀，其中基礎資料的兩個（或更多）變量是彼此相同或線性的組合。換句話說，如果我們有三個維度且協方差矩陣是奇異的，這可能意味著資料的分佈可以在兩個甚至一個維度上更好地描述。

CDF 沒有解析表示式。它可以透過數值積分達到。但 Apache Commons Math 僅支持單變量數值積分。

多變量法線使用雙精度陣列平均值與變量，但你還是可以使用 RealVector、RealMatrix 或 Covariance 實例並套用它們的 getData() 方法：

```
double[] means = {0.0, 0.0, 0.0};
double[][] covariances = {{1.0, 0.0, 0.0},{0.0, 1.0, 0.0}, {0.0, 0.0, 1.0}};
MultivariateNormalDistribution dist =
  new MultivariateNormalDistribution(means, covariances);

/* 資料點 x = {0.0, 0.0, 0.0} 的機率 */
double probability = dist.density(x); // 0.1
double[] mn = dist.getMeans();
double[] sd = dist.getStandardDeviations();
/* 回傳 RealMatrix 但可以轉換成雙精度 */
double[][] covar = dist.getCovariances().getData();
double[] sample = dist.sample();
double[][] samples = dist.sample(3);
```

請注意，協方差是對角矩陣的特殊狀況。這在變量完全獨立時會發生。Σ 的行列式只是其對角元素 $\sigma_{i,i}$ 的積。對角矩陣的逆也是一個對角矩陣，每個項表示為 $1/\sigma_{i,i}$。然後 PDF 降為單變量法線的積：

$$f(\mathbf{x}) = \prod_i \frac{1}{\sqrt{2\pi}\sigma_i} \exp\left(-\frac{(x_i - \mu_i)^2}{2\sigma_i^2}\right)$$

與單位法線的情況一樣，單位多變量法線具有 0s 的平均值向量和等於單位矩陣的協方差矩陣，對角矩陣為 1s。

對數常態

當變量 x 對數的分佈時，對數常態分佈與常態分佈有關，即 ln(x) 是常態分佈的。如果用常態分佈中的 ln(x) 代替 x，則得到對數常態分佈。其中有一些細微的差別。因為對數只定義正 x，所以這個分佈支援區間 x ⊢ [0, ∞]，其中 x > 0。如圖 3-8 所示，分佈是不對稱的，峰值接近於較小的 x 值，而長尾無限延伸至較高的 x 值。

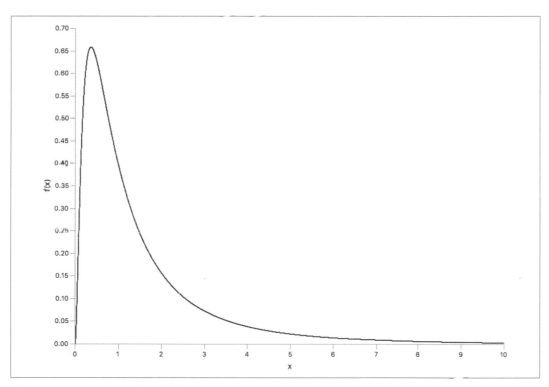

圖 3-8　$m = 0$ 與 $s = 1$ 的對數常態 PDF

位置（比例）參數 m 和形狀參數 s 上升到 PDF：

$$f(x) = \frac{1}{\sqrt{2\pi}xs} \exp\left(-\frac{(\ln x - m)^2}{2s^2}\right)$$

此處的 m 和 s 分別是對數分佈變量 X 的平均值和標準差。CDF 如圖 3-9 所示。

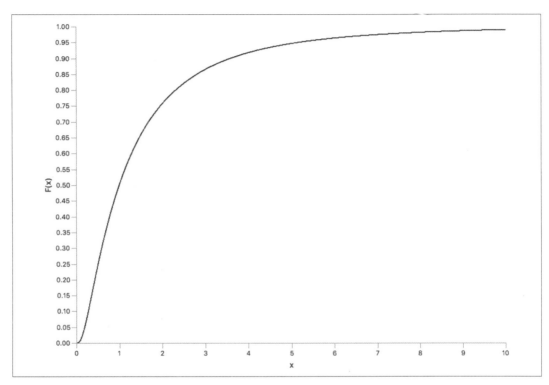

圖 3-9　$m = 0$ 與 $s = 1$ 的對數常態 CDF

它具有下列形式：

$$F(x) = \frac{1}{2}\left[1 + \mathrm{erf}\left(\frac{\ln x - m}{s\sqrt{2}}\right)\right]$$

如同常態分佈，m 不是分佈的平均（平均值）或眾數（最可能的值或峰）。這是因為更多的數值伸展到正無窮大。X 的平均值和方差由以下計算得出：

$$\mu = \exp\left(m + s^2/2\right)$$

我們可以如此呼叫對數常態分佈：

```
/* 以預設 m=0 與 s=1 初始化 */
NormalDistribution dist = new NormalDistribution();
double lowerBound = dist.getSupportLowerBound(); // 0.0
double upperBound = dist.getSupportUpperBound(); // 無限大
double scale = dist.getScale(); // 0.0
double shape = dist.getShape(): // 1.0
double mean = dist.getNumericalMean(); // 1.649
double variance = dist.getNumericalVariance(); // 4.671
double density = dist.density(1.0); // 0.3989
double cumulativeProbability = dist.cumulativeProbability(1.0); // 0.5
double sample = dist.sample(); // 0.428
double[] samples = dist.sample(3); // {0.109, 5.284, 2.032}
```

在哪裡會看到對數常態分佈？人群中的年齡分佈，以及（有時）粒子大小的分佈。請注意，對數常態分佈是由許多獨立分佈的乘法效應產生的。

經驗

有時候拿到資料但不知道資料來自何處。你仍然可以用資料估計一個分佈，甚至可以計算出機率密度、累積機率與隨機數！使用經驗分佈的第一步是將資料收集到跨資料集範圍的相同大小的區間中。EmpiricalDistribution 類別可以輸入雙精度陣列，也可以在本地或從 URL 加載文件。在這些情況下，資料必須是每行一筆：

```
/* 從一個標準常態分佈取得 2500 個隨機數 */
NormalDistribution nd = new NormalDistribution();
double[] data = nd.sample(2500);

// 預設建構元區間為 1000
// 最好嘗試 numPoints / 10
EmpiricalDistribution dist = new EmpiricalDistribution(25);
dist.load(data); // 也可以從檔案或 URL 載入
double lowerBound = dist.getSupportLowerBound(); // 0.5
double upperBound = dist.getSupportUpperBound(); // 10.1
double mean = dist.getNumericalMean(); // 5.48
double variance = dist.getNumericalVariance(); // 15.032
double density = dist.density(1.0); // 0.357
double cumulativeProbability = dist.cumulativeProbability(1.0); // 0.153
double sample = dist.sample(); // e.g., 1.396
double[] samples = dist.sample(3); // e.g., [10.098, 0.7934, 9.981]
```

我們可以將經驗分佈中的數據繪製成如圖 3-10 所示稱為直方圖的柱狀圖。

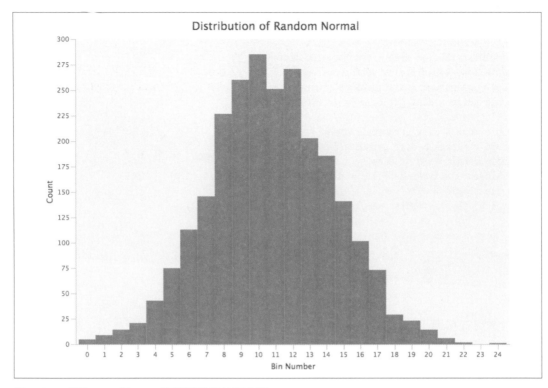

圖 3-10 參數 $\mu = 0$ 與 $\sigma = 1$ 的隨機常態的直方圖。

直方圖的程式使用第一章所述的 BarChart，但直接從帶有每個區間的 SummaryStatistics
的 EmpiricalDistribution 實例加入資料：

```
/* 對已經載入資料的 EmpiricalDistribution */
List<SummaryStatistics> ss = dist.getBinStats();
int binNum = 0;
for (SummaryStatistics s : ss) {
    /* 將區間計數加到 XYChart.Series 實例中 */
    series.getData().add(new Data(Integer.toString(binNum++), s.getN()));
}
// 以 JavaFX 的 BarChart 繪製直方圖
```

離散分佈

有多種離散隨機數分佈，僅支援記為 k 的整數值。

伯努利

伯努利分佈是最基本且或許是最常見的分佈，因為它基本上就是拋硬幣。在 "人頭我贏，背面我輸" 的狀況下，硬幣有兩個可能的狀態：背面（$k = 0$）與人頭（$k = 1$），$k = 1$ 記為成功機率等於 p。若硬幣是完美的，則 $p = 1/2$；人頭與背面的機率相等。但若硬幣是 "不公平" 的，這表示 $p \neq 1/2$。其機率質量函數（PMF）的表示如下：

$$f(k) = \begin{cases} 1 - p & \text{for } k = 0 \\ p & \text{for } k = 1 \end{cases}$$

累積分佈函數如下：

$$F(k) = \begin{cases} 0 & \text{for } k < 0 \\ (1 - p) & \text{for } 0 \leq k < 1 \\ 1 & \text{for } k \geq 1 \end{cases}$$

平均值與變異數的計算如下：

$$\mu = p$$

$$\sigma^2 = p(1 - p)$$

請注意，伯努利分佈與二項分佈有關，其中試驗次數等於 $n = 1$。伯努利分佈以 `BinomialDistribution(1, p)` 類別設 $n = 1$ 實作：

```
BinomialDistribution dist = new BinomialDistribution(1, 0.5);
int lowerBound = dist.getSupportLowerBound(); // 0
int upperBound = dist.getSupportUpperBound(); // 1
int numTrials = dist.getNumberOfTrials(); // 1
double probSuccess = dist.getProbabilityOfSuccess(); // 0.5
double mean = dist.getNumericalMean(); // 0.5
double variance = dist.getNumericalVariance(); // 0.25
// k = 1
double probability = dist.probability(1); // 0.5
double cumulativeProbability = dist.cumulativeProbability(1); // 1.0
int sample = dist.sample(); // e.g., 1
int[] samples = dist.sample(3); // e.g., [1, 0, 1]
```

二項

若執行多個伯努利試驗,我們會得到二項分佈。對於 n 個成功機率為 p 的伯努利試驗,成功機率 k 的分佈如圖 3-11 所示。

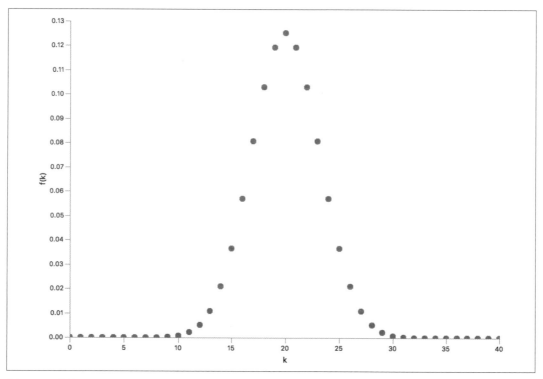

圖 3-11　參數 $n = 40$ 與 $p = 0.5$ 的伯努利 PMF

機率質量函數如下:

$$f(k) = \binom{n}{k} p^k (1 - p)^{n - k}$$

CDF 如圖 3-12 所示。

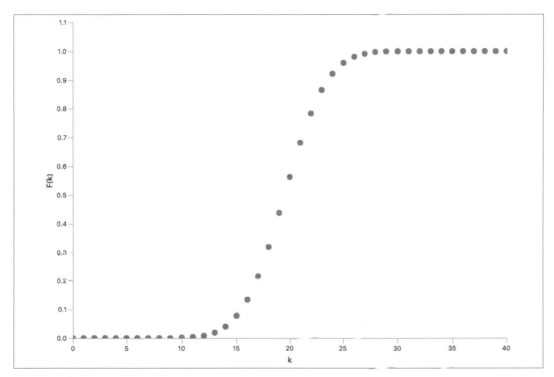

圖 3-12　參數 $n = 40$ 與 $p = 0.5$ 的二項 CDF

CDF 的形式：

$$F(k) = I_{1-p}(n - k, 1 + k)$$

$I_{1\text{-}p}$ 是正規化的不完整 beta 函數。均值和方差計算的計算如下：

$$\mu = np$$

在 Java 中，`BinomialDistribution` 的建構元需要兩個參數：試驗次數 n 與試驗成功機率 p：

```
BinomialDistribution dist = new BinomialDistribution(10, 0.5);
int lowerBound = dist.getSupportLowerBound(); // 0
```

```
int upperBound = dist.getSupportUpperBound(); // 10
int numTrials = dist.getNumberOfTrials(); // 10
double probSuccess = dist.getProbabilityOfSuccess(); // 0.5
double mean = dist.getNumericalMean(); // 5.0
double variance = dist.getNumericalVariance(); // 2.5
// k = 1
double probability = dist.probability(1); // 0.00977
double cumulativeProbability = dist.cumulativeProbability(1); // 0.0107
int sample = dist.sample(); // e.g., 9
int[] samples = dist.sample(3); // e.g., [4, 5, 4]
```

泊松

泊松分佈通常用來描述很少發生的離散與獨立事件。事件的數量是整數 $k \geq 0$，在一定的間隔內以恆定的速率 $\lambda > 0$ 發生，產生圖 3-13 中的 PMF。

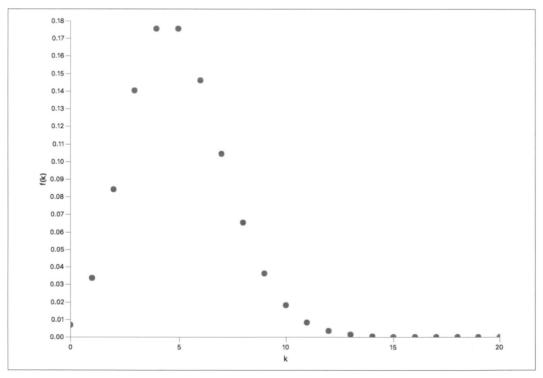

圖 3-13　參數 $\lambda = 5$ 的泊松 PMF

PMF 的形式為

$$f(k) = \frac{\lambda^k \exp(-\lambda)}{k!}$$

圖 3-14 顯示此 CDF。

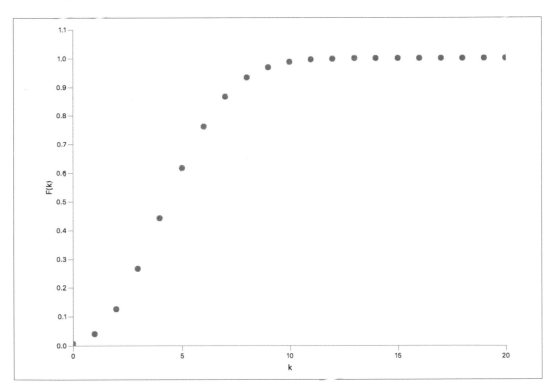

圖 3-14. 參數 λ = 5 的泊松 CDF

CDF 的表示：

$$F(k) = \frac{\Gamma(\lfloor k + 1 \rfloor, \lambda)}{\lfloor k \rfloor !}$$

平均值與變異數都等同速率參數 λ

$$\mu = \lambda$$

$$\sigma^2 = \lambda$$

泊松以傳入參數 λ 的建構元實作且上限為 `Integer.MAX`，$k = 2^{32} - 1 = 2147483647$：

```
PoissonDistribution dist = new PoissonDistribution(3.0);
int lowerBound = dist.getSupportLowerBound(); // 0
int upperBound = dist.getSupportUpperBound(); // 2147483647
double mean = dist.getNumericalMean(); // 3.0
double variance = dist.getNumericalVariance(); // 3.0
// k = 1
double probability = dist.probability(1); // 0.1494
double cumulativeProbability = dist.cumulativeProbability(1); // 0.1991
int sample = dist.sample(); // e.g., 1
int[] samples = dist.sample(3); // e.g., [2, 4, 1]
```

資料集特徵

取得資料集後，第一件事應該是認識資料的特徵。我們應該要知道數值界限、是否有異常值、資料是否具有已知分佈函數的外形。就算不知道是什麼分佈，還是可以檢查兩個資料集是否來自相同（未知）分佈。我們還可以透過協方差來檢查每對變量之間的相關性（或不相關）。如果我們的變量 x 帶有一個回應 y，我們可以檢查一個線性回歸，看看 x 和 y 之間是否存在最基本的關係。本節中的大多數類別最適合可以完全放入記憶體的小型靜態資料集，因為這些類別中的大多數方法都依賴於存儲的資料。在下面的章節中，我們處理的資料太大（或不方便）而不能放在記憶體中。

計算矩

前面我們討論了統計矩，我們知道概率分佈函數 $f(x)$ 時計算矩的公式和它們的各種統計結果。在處理實際資料時，我們通常不知道 $f(x)$ 的形式，因此我們必須以數值方式估計矩。矩的計算還有另一個關鍵特徵：強健性。遇到極端值可能導致估計統計量數值錯誤。使用更新矩的方法可避免數值不精確。

樣本矩

在真正的資料中，統計分佈函數可能不知道，我們可以估計中心矩：

$$m_k = \frac{1}{n} \sum_{i=1}^{n} (x_i - \bar{x})^k$$

估計平均 $m_1 = \bar{x}$ 的計算如下：

$$\bar{x} = \frac{1}{n} \sum_{i=1}^{n} x_i$$

更新矩

沒有 1/n 項的中心矩估計形式如下：

$$M_k = \sum_{i=1}^{n} (x_l - \bar{x})^k$$

在這種特殊的形式中，非正規化的矩可以透過直接的計算分解成若干部分。這給了我們一個很大的優勢，即可以在不同的過程中，甚至在不同的機器上計算出非正規化的矩，我們可以在之後將這些片段組合在一起。另一個優點是這個方程式對極端值不那麼敏感。下面是兩段資料結合的非正規化中央矩：

$$M_k = M_{k,1} + M_{k,2} + \sum_{j=1}^{k-2} \binom{j}{k} \left[\left(-\frac{n_2}{n} \right)^j M_{k-j,1} + \left(\frac{n_1}{n} \right)^j M_{k-j,2} \right] \delta_{2,1}^j$$

$$+ \left(\frac{n_1 n_2}{n} \delta_{2,1} \right)^k \left[\frac{1}{n_2^{k-1}} - \left(\frac{-1}{n_1} \right)^{k-1} \right]$$

$\delta_{2,1} = \bar{x}_2 - \bar{x}_1$ 是兩個資料段的平均值之間的差。當然，我們還需要一種合併方法，因為這個公式只適用於 $k > 1$。對任意兩個已知方法和計數的資料段，總數為 $n = n_1 + n_2$，平均值計算如下：

$$\bar{x} = \bar{x}_1 + n_2 \frac{\delta_{2,1}}{n}$$

如果其中一個資料段只有一個點 x，則簡化後的非正規化中心矩組合的公式為：

$$M_k = M_{k,1} + \sum_{j=1}^{k-2} \binom{j}{k} M_{k-j,1} \left(\frac{-\delta}{n}\right)^j + \left(\frac{n-1}{n}\delta\right)^k \left[1 - \left(\frac{-1}{n-1}\right)^{k-1}\right]$$

此處的 $\delta = x - \bar{x}_1$ 是增加值 x 和現有資料端的平均值之間的差。

在下一節中，我們將看到如何使用這些公式來計算統計的重要屬性。當我們希望將統計計算分解成許多部分時，它們在分散式計算應用程式中變得至關重要。另一個有用的應用程式是無儲存計算，它不是對整個資料陣列執行計算，而是在過程中保持記錄矩並逐步的更新它們。

描述統計學

我們在初始化 DescriptiveStatistics 時不提供參數以供後續加入值，或以雙精度陣列初始化（後續還是可以加入值）。雖然可以使用 StatUtils 的統計方法，但這不是 Java 的作風，雖然沒什麼不對，但或許使用 DescriptiveStatistics 比較好。這一節用到的某些公式並不穩定，下一節會討論更強健的方法。確實，其中某些方法也會用於描述統計學。表 3-1 顯示供本章進一步分析用的安斯庫姆四重奏資料。

表 3-1　安斯庫姆四重奏資料

x1	y1	x2	y2	x3	y3	x4	y4
10.0	8.04	10.0	9.14	10.0	7.46	8.0	6.58
8.0	6.95	8.0	8.14	8.0	6.77	8.0	5.76
13.0	7.58	13.0	8.74	13.0	12.74	8.0	7.71
9.0	8.81	9.0	8.77	9.0	7.11	8.0	8.84
11.0	8.33	11.0	9.26	11.0	7.81	8.0	8.47
14.0	9.96	14.0	8.10	14.0	8.84	8.0	7.04
6.0	7.24	6.0	6.13	6.0	6.08	8.0	5.25
4.0	4.26	4.0	3.10	4.0	5.39	19.0	12.50
12.0	10.84	12.0	9.13	12.0	8.15	8.0	5.56
7.0	4.82	7.0	7.26	7.0	6.42	8.0	7.91
5.0	5.68	5.0	4.74	5.0	5.73	8.0	6.89

我們可以用這些資料集建構 DescriptiveStatistics 類別：

```
/* 安斯庫姆的 y1 的統計 */
DescriptiveStatistics descriptiveStatistics = new DescriptiveStatistics();
descriptiveStatistics.addValue(8.04);
descriptiveStatistics.addValue(6.95);
// 繼續加入 y1 值
```

但你可能已經有了所需資料，或後面會加入的初始資料集。有需要時可以用 `ds.addValue(doublevalue)` 加入更多的資料。此時可以呼叫方法或直接輸出類別以顯示統計報告：

```
System.out.println(descriptiveStatistics);
```

這會產生下列結果：

```
DescriptiveStatistics:
n: 11
min: 4.26
max: 10.84
mean: 7.500909090909091
std dev: 2.031568135925815
median: 7.58
skewness: -0.06503554811157437
kurtosis: -0.5348977343727395
```

這些量（與其他量）可以透過下面敘述的特定方法取得。

計數

最簡單的統計是資料集內點的數量：

```
long count = descriptiveStatistics.getN();
```

加總

我們也可以取得所有值的加總：

```
double sum = descriptiveStatistics.getSum();
```

最小

要取得資料集最小值：

```
double min = descriptiveStatistics.getMin();
```

最大

要取得資料集最大值：

```
double max = descriptiveStatistics.getMax();
```

平均

直接計算樣本平均值或平均值：

$$\bar{x} = \frac{1}{n} \sum_{i=1}^{n} x_i$$

然而，這個計算對於極端值是敏感的，並且給定 $\delta = x - \bar{x}$ 可以為每個增加的值更新平均值 x：

$$\bar{x} = \bar{x}_1 + \frac{x - \bar{x}_1}{n}$$

Commons Math 在呼叫 getMean() 時使用更新公式計算平均值：

```
double mean = descriptiveStatistics.getMean();
```

中位數

有序（遞增）資料集的中間值是中位數。它的好處是減少極端值的問題。雖然 Apache Commons Math 中沒有直接計算中位數的方法，但陣列長度為單數時可以取中間兩個元素的平均值來計算；不然就回傳陣列的中間元素：

```
// 將值排序
double[] sorted = descriptiveStatistics.getSortedValues();
int n = sorted.length;
double median = (n % 2 == 0) ? (sorted[n/2-1]+sorted[n/2])/2.0 : sorted[n/2];
```

眾數

眾數是最可能的值。若值為雙精度則眾數沒有意義，因為可能只有一個。很明顯的會有例外（例如很多個零）或資料集很大且精度很小（例如兩位小數）。眾數有兩種用途：如果被考慮的變量是離散的（整數），則眾數是有用的，例如安斯庫姆四重奏的資料集四。否則，如果從經驗分佈建構資料段，則眾數是最大資料段。但是，你應該考慮資料有雜訊，資料段數量可能會錯誤地將異常值視為眾數。StatUtils 類別包含一些對統計有用的靜態方法。我們在下面的程式使用它的眾數方法：

```
// 若只有一個最大，則儲存在 mode[0]
// 若不只一個值的計數最大
// 則值以遞增順序儲存在 mode
double[] mode = StatUtils.mode(x4);
//mode[0] = 8.0
double[] test = {1.0, 2.0, 2.0, 3.0, 3.0, 4.0}
//mode[0] = 2.0
//mode[1] = 3.0
```

變異數

變異數是資料分佈的程度，且一定是正數、大於或等於零的實數。如果 x 的所有值相等，則變異數為零。反之則更大的數字分佈將對應於更大的變異數。已知的資料點總體的變異數等於平均值的第二個中心矩，表示式如下：

$$s^2 = \frac{1}{n}\sum_{i=1}^{n}\left(x_i - \bar{x}\right)^2$$

但大部分時間我們沒有全部資料 - 僅有來自大（或許未知）資料集的樣本並因此必須矯正偏差：

$$s^2 = \frac{1}{n-1}\sum_{i=1}^{n}\left(x_i - \bar{x}\right)^2$$

這種形式稱為樣本變異數，是最常使用的變異數。你可能會注意到樣本變異數可以用二階非正規化矩表示：

$$s^2 = \frac{1}{n-1}M_2$$

與平均值計算一樣，Commons Math 變異數使用新資料點 x 的第二個非正規化矩的更新公式計算，現有平均值 $\bar{x}_1$ 和最近更新的平均值 $\bar{x}$：

$$M_2 = M_{2,1} + \left(x - \bar{x}_1\right)\delta$$

此處 $\delta = x - \bar{x}_1$。

大部分需要變異數時，我們要的是偏差矯正過的樣本變異數，因為我們的資料通常是較大且未知資料集的樣本：

```
double variance = descriptiveStatistics.getVariance()
```

但若需要母體變異數則可直接取得：

```
double populationVariance = descriptiveStatistics.getPopulationVariance();
```

標準差

變異數難以視覺化，因為它的量級是 x^2，且通常是比平均數大的數。透過取變異數的平方根，我們將其定義為標準偏差 s。這具有以相同的單位的變量和均值的優點。因此使用像 $\mu +- \sigma$ 這樣的東西是有幫助的，它可以指示資料偏離平均值的程度。標準差可以如此計算：

$$s = \sqrt{\frac{1}{n-1}\sum_{i=1}^{n}(x_i - \bar{x})^2}$$

但實務上，我們使用更新方程式來計算樣本變異數，回傳樣本變異數的平方根作為標準差：

```
double standardDeviation = descriptiveStatistics.getStandardDeviation();
```

若需要母體標準差，可以直接計算母體變異數的平方根。

平均值的誤差

雖然標準差通常被視為是平均值的誤差，但事實並非如此。標準差描述了資料如何在平均值前後散佈。為了計算平均值本身的準確度 s_x，我們使用標準差：

$$s_x = \frac{s}{\sqrt{n}}$$

我們使用一些簡單的 Java：

```
double meanErr = descriptiveStatistics.getStandardDeviation() /
                     Math.sqrt(descriptiveStatistics.getN());
```

偏度

偏度衡量的是資料的非對稱分佈，可以是正數也可以是負數。正偏斜意味著大部分數值傾向於原點（ $x = 0$ ），而負偏斜意味著這些數值被分散（向右）。偏度為 0 表示資料在資料分佈的峰值的任一側是完美分佈的。偏度的計算如下：

$$\omega = \frac{1}{(n-1)(n-2)} \sum_{i=1}^{n} \left(\frac{x_i - \bar{x}}{s} \right)^3$$

然而，更新第三個中心矩可以更加可靠地計算偏度：

$$M_3 = M_{3,1} - 3M_{2,1}\frac{\delta}{n} + (n-1)(n-2)\frac{\delta^3}{n^2}$$

然後如此計算偏度：

$$\omega = \frac{1}{(n-1)(n-2)} \frac{M_3}{s^3}$$

Commons Math 的實作迭代儲存的資料集，逐步更新 M3 然後執行偏差矯正並回傳偏度：

```
double skewness = descriptiveStatistics.getSkewness();
```

峰度

峰度是衡量一個資料分佈 "尾巴" 的度量。樣本峰度佔計與均值的第四個中心矩有關，其計算如下：

$$\kappa = \frac{(n+1)}{(n-1)(n-2)(n-3)} \sum_{i=1}^{n} \left(\frac{x_i - \bar{x}}{s} \right)^4$$

這可以如下簡化：

$$\kappa = \frac{(n+1)}{(n-1)(n-2)(n-3)} \frac{M_4}{s^4}$$

0 或者接近 0 的峰度表示資料分佈非常窄。隨著峰度的增加，極值與長尾相吻合。然而，我們經常要表示與常態分佈有關的峰度（峰度 = 3）。然後我們可以減去這部分，並把新的數量稱為超額峰度，雖然在實務中大多數人只是把超額峰度稱為峰度。在這個定義中，κ = 0 意味著資料具有與常態分佈相同的峰形和尾形。峰度高於 3 的峰稱為尖峰態，尾部比正態分佈寬。當 κ 小於 3 時，分佈稱為低峰態，分佈尾數較少（小於常態分佈）。超額峰度計算如下：

$$\kappa = \frac{(n+1)}{(n-1)(n-2)(n-3)} \frac{M_4}{s^4} - \frac{3(n-1)^2}{(n-2)(n-3)}$$

如變異數與偏度的，更新第四非正規化中心矩以計算峰度。對加到計算中的每個點，只要點數 $n >= 4$，就可以用下面的公式更新 M_4。在任何時候，可以從 M_4 的當前值計算偏差：

$$M_4 = M_{4,1} - 4 M_{3,1} \frac{\delta}{n} + 6 M_{2,1} \left(\frac{\delta}{n}\right)^2 + (n-1)\left(n^2 - 3n + 3\right)\frac{\delta^4}{n^3}$$

getKurtosis 的預設計算回傳超額峰度。這可以透過實作 getKurtosis() 呼叫的 org.apache.commons.math3.stat.descriptive.moment.Kurtosis 類別檢驗：

```
double kurtosis = descriptiveStatistics.getKurtosis();
```

多變量統計

我們討論了一次關注一個變量的狀況。DescriptiveStatistics 類別只處理一維資料，但我們通常有多維，且數百個維度並不罕見。有兩種辦法：第一種是使用下一節會討論的 MultivariateStatisticalSummary 類別，無需偏度與峰值時它是最好的辦法。若需要完整的統計量，最好的辦法是實作 DescriptiveStatistics 物件的 Collection 實例。首先考慮你要記錄的部分。以安斯庫姆四重奏為例，我們可以如下搜集單變量統計：

```
DescriptiveStatistics descriptiveStatisticsX1 = new DescriptiveStatistics(x1);
DescriptiveStatistics descriptiveStatisticsX2 = new DescriptiveStatistics(x2);
...
List<DescriptiveStatistics> dsList = new ArrayList<>();
dsList.add(descriptiveStatisticsX1);
dsList.add(descriptiveStatisticsX2);
...
```

然後迭代 List，呼叫統計量或原始資料：

```
for(DescriptiveStatistics ds : dsList) {

    double[] data = ds.getValues();
    // 操作資料，或

    double kurtosis = ds.getKurtosis();
    // 操作峰值
}
```

若資料集更為複雜，且你知道在分析中必須呼叫資料的特定欄，則使用 Map：

```
DescriptiveStatistics descriptiveStatisticsX1 = new DescriptiveStatistics(x1);
DescriptiveStatistics descriptiveStatisticsY1 = new DescriptiveStatistics(y1);
DescriptiveStatistics descriptiveStatisticsX2 = new DescriptiveStatistics(x2);

Map<String, DescriptiveStatistics> dsMap = new HashMap<>();
dsMap.put("x1", descriptiveStatisticsX1);
dsMap.put("y1", descriptiveStatisticsY1);
dsMap.put("x2", descriptiveStatisticsX2);
```

當然，此時以鍵來呼叫特定量或資料集就很簡單：

```
double x1Skewness = dsMap.get("x1").getSkewness();
double[] x1Values = dsMap.get("x1").getValues();
```

這對大量維度很麻煩，但是如果資料已經儲存在多維陣列（或矩陣）中，迭代欄索引可簡化此過程。此外，你可能已經將資料儲存在資料容器 List 或 Map 類別中，因此自動化建構 DescriptiveStatistics 物件的 Collection 的過程會很簡單。如果已經有一個資料字典（變數名稱及其屬性的列表）供迭代，這是非常有效率的。如果有一種型別的高維度數值資料，且它已經以雙精度陣列形式存在，則在下一節中使用 MultivariateSummaryStatistics 類別可能會更容易一些。

共變異數與相關係數

共變異數與相關係數是對稱 $m \times m$ 矩陣,其維數 m 等於原始資料集的列數。

共變異數

共變異數是二維的變異數。它評估兩個變異數與平均值差的程度,計算方式如下:

$$\sigma_{i,j}^2 = \frac{1}{n-1} \sum_{k=1}^{n} \left(x_{k,i} - \bar{x}_i \right) \left(x_{k,j} - \bar{x}_j \right)$$

如同一維統計樣本矩,我們將此量:

$$C_2 = \sum_{k=1}^{n} \left(x_{k,i} - \bar{x}_i \right) \left(x_{k,j} - \bar{x}_j \right)$$

表示為 x_i 與 xj 變數對的共矩的遞增更新,在現有維度已知平均與計算下:

$$C_2 = C_{2,1} + \frac{n_1 n_2}{n} \left(x_i - \bar{x}_i \right) \left(x_j - \bar{x}_j \right)$$

然後就可以計算任一點的共變異數:

$$\sigma_{i,j}^2 = \frac{1}{n-1} C_2$$

計算共變異數的程式如下:

```
Covariance cov = new Covariance();

/* 範例使用安斯庫姆四重奏資料 */
double cov1 = cov.covariance(x1, y1); // 5.501
double cov2 = cov.covariance(x2, y2); // 5.499
double cov3 = cov.covariance(x3, y3); // 5.497
double cov4 = cov.covariance(x4, y5); // 5.499
```

若已經有雙精度或 RealMatrix 實例 2D 陣列，你可以直接傳給建構元：

```
// double[][] myData 或 RealMatrix myData
Covariance covObj = new Covariance(myData);
// cov 帶有共變異數且可透過
// RealMatrix.get(i, j) 存取元素
RealMatrix cov = covObj.getCovarianceMatrix();
```

請注意，共變異數矩陣 $\sigma_{i,j}^2$ 的對角線就是第 i 列的變異數，因此共變異數矩陣的對角線的平方根就是各資料維度的標準差。由於母體平均值通常是未知的，我們使用樣本平均值的偏差共變異數。如果我們確實知道母體平均值，則無偏差校正因子 $1/n$ 會用於計算無偏差共變異數：

$$\sigma_{i,j}^2 = \frac{1}{n}C_2$$

皮爾森相關

皮爾森相關係數與共變異數有關，且是兩個變量一起變化的度量：

$$\rho_{i,j} = \frac{\sigma_{i,j}}{\sigma_i \sigma_j}$$

相關係數在 –1 和 1 之間取值，其中 1 表示兩個變量幾乎相同，–1 表示它們是相反的。在 Java 中又有兩個選項，但使用預設的建構元：

```
PearsonsCorrelation corr = new PearsonsCorrelation();

/* 範例使用安斯庫姆四重奏資料 */
double corr1 = corr.correlation(x1, y1)); // 0.816
double corr2 = corr.correlation(x2, y2)); // 0.816
double corr3 = corr.correlation(x3, y3)); // 0.816
double corr4 = corr.correlation(x4, y4)); // 0.816
```

但若已經有了資料或 Covariance 實例，我們可以這麼做：

```
// 現有 Covariance 實例 cov
PearsonsCorrelation corrObj = new PearsonsCorrelation(cov);
// double[][] myData 或 RealMatrix myData
PearsonsCorrelation corrObj = new PearsonsCorrelation(myData);
// 以 RealMatrix.get(i,j) 讀取元素
RealMatrix corr = corrObj.getCorrelationMatrix();
```

相關不是因果關係！統計中的一個危險就是相關性的解釋。當兩個變量具有高度相關性時，我們容易假設為一個變量導致另一個變量。但情況並非如此。事實上，你可以假設你能拒絕這個變量之間沒有任何關係的想法。你應該將相關性視為幸運的巧合，而不是研究系統對象的基本行為的基礎。

迴歸

通常我們想要找到我們的變量 **X** 和它們的回應 y 之間的關係。我們試圖找到一組 β 值，使得 $y = \mathbf{X}\hat{\beta}$。最後，我們需要三件事情：參數、它們的錯誤，以及適合度是多好的統計量 R^2。

簡單迴歸

如果 **X** 只有一個維度，那麼問題就是一條直線 $y = \hat{\alpha} + \hat{\beta}x$ 的已知方程式，問題可以歸類為簡單回歸。透過計算 σ_x^2，x 和 $\sigma_{x,y}^2$ 的變異數及 x 和 y 之間的共變異數，我們可以估計斜率：

$$\hat{\beta} = \frac{\sigma_{x,y}^2}{\sigma_x^2}$$

然後，使用斜率和 x 和 y 的平均值，可以估計截距：

$$\hat{\alpha} = \bar{y} - \hat{\beta}\bar{x}$$

Java 程式使用 SimpleRegression 類別：

```
SimpleRegression rg = new SimpleRegression();

/* 安斯庫姆的 x1 與 y1 的 x-y 對 */
double[][] xyData = {{10.0, 8.04}, {8.0, 6.95}, {13.0, 7.58},
        {9.0, 8.81}, {11.0, 8.33}, {14.0, 9.96}, {6.0, 7.24},
        {4.0, 4.26}, {12.0, 10.84}, {7.0, 4.82}, {5.0, 5.68}};

rg.addData(xyData);

/* 取得迴歸結果 */
```

```
double alpha = rg.getIntercept(); // 3.0
double alpha_err = rg.getInterceptStdErr(); // 1.12
double beta = rg.getSlope(); // 0.5
double beta_err = rg.getSlopeStdErr(); // 0.12
double r2 = rg.getRSquare(); // 0.67
```

我們可以將這些結果解釋為 $y = 3.0 + 0.5x$，或更具體地說 $y = (3.0 \pm 1.12) + (0.5 \pm 0.12)x$。我們可以相信這個模型多少呢？當 $R^2 = 0.67$ 時，這是一個相當不錯的選擇，但是越接近 $R^2 = 1.0$ 的理想值越好。請注意，若我們對來自安斯庫姆四重奏的其他三個數據集執行相同的迴歸，則會得到相同的參數、偏差和 R^2。這是一個深刻但令人困惑的結果。顯然，四個資料集看起來不同，但它們的線性擬合（疊加的藍線）是相同的。雖然如狀況 1 所示線性迴歸是一種理解我們的資料的強大而簡單的方法，但在狀況 2 中 x 的線性迴歸可能是錯誤的工具。在狀況 3 中，線性迴歸可能是正確的工具，但是我們可以設限（去除）似乎是異常值的資料點。在狀況 4 中，迴歸模型很可能根本不適合。這確實證明盲目的投入資料到分析方法後，若僅檢視幾個參數，我們會很容易相信模型是正確的。

多重迴歸

解決此問題的方法有很多種，但最常見且也許是最有用的方法是最小平方法（OLS）。此方案使用線性代數表示：

$$\hat{\beta} = \left(X^T X\right)^{-1} X^T y$$

Apache Commons Math 中的 `OLSMultipleLinearRegression` 類別只是 QR 分解的一個方便包裝。此實作還提供了 QR 分解之外的其他功能，你會發現它們很有用。具體而言，β 的變異數 - 共變異數矩陣如下，其中矩陣 R 來自 QR 分解：

$$\sigma_{\hat{\beta}}^2 = \left(X^T X\right)^{-1} = \left(R^T R\right)^{-1}$$

在這種情況下，R 必須被截為 beta 的維度。對擬合殘差 $\hat{\epsilon} = y - X\hat{\beta}$，我們可以計算誤差的方差 $s_{err}^2 = \hat{\epsilon}^T \hat{\epsilon} / (n - p)$，其 n 與 p 為 X 的列與欄數。$\sigma_{\hat{\beta}}^2$ 的對角線值的平方根是常數 s_{err} 的 2 倍，它提供了擬合參數的誤差估計：

$$\delta\hat{\beta}_i = s_{err}\sqrt{\sigma^2_{\hat{\beta}_{i,i}}}$$

最小平方廻歸的 Apache Commons Math 實作利用線性代數中的 QR 分解。範例程式中的方法是對幾個標準矩陣操作的方便包裝。請注意，預設值包含一個截距項，相應的值是估計參數的第一個位置：

```
double[][] xNData = {{0, 0.5}, {1, 1.2}, {2, 2.5}, {3, 3.6}};
double[] yNData = {-1, 0.2, 0.9, 2.1};
// 預設包含截距
OLSMultipleLinearRegression mr = new OLSMultipleLinearRegression();
/* 請注意，y 和 x 與其他類別 / 方法是相反的 */
mr.newSampleData(yNData, xNData);
double[] beta = mr.estimateRegressionParameters();
// [-0.7499, 1.588, -0.5555]
double[] errs = mr.estimateRegressionParametersStandardErrors();
// [0.2635, 0.6626, 0.6211]
double r2 = mr.calculateRSquared();
// 0.9945
```

線性廻歸是一個適用於多種情況的廣泛主題，有很多東西沒有討論到。然而，值得注意的是，只有 X 和 y 之間的關係實際上是線性的，這些方法才是相關的。自然界充滿了非線性關係，第五章會進一步探討這些關係。

操作大資料集

資料大到記憶體無法有效率儲存（或放不下！）時，我們需要其他計算統計量的方法。DescriptiveStatistics 等類別在初始化過程中將所有資料儲存在記憶體中，但解決此問題的其他辦法是只儲存非正規化統計矩並每次更新一個資料點，在將其同化到計算中後丟棄該資料點。Apache Commons Math 有兩個這種類別：SummaryStatistics 與 MultivariateSummaryStatistics。

此方法利用可平行的加總無正規化矩加強其實用性。我們可以分割資料並於每次加入一個值時記錄每個部分的矩。最後我們可以合併所有的矩如何找出總結統計量。Apache Commons Math 的 AggregateSummaryStatistics 類別可以處理這個部分。很容易想像分散在每個節點上進行統計計算的大量資料。各個工作完成後，矩可以透過簡單的計算合併。

通常，資料集 $\mathbf{X}$ 可以被劃分成 k 個較小的資料集：$\mathbf{X}_1$，$\mathbf{X}_2$，$\cdots\mathbf{X}_k$。理想情況下，我們可以在每個分割 $\mathbf{X}_i$ 上執行各種計算，然後合併這些結果以獲得 $\mathbf{X}$ 所需的量。舉例來說，若我們要計算 $\mathbf{X}$ 中資料點的數量，則可以計算每個子集的點數量，然後將這些結果加在一起得到總數：

$$n = n_1 + n_2 \cdots + n_k$$

無論是在同一台機器上的不同執行緒或在不同機器上都一樣。

因此若要計算點數量與每個子集的加總值（並加以記錄），之後我們可以使用此資訊以分散的方式計算 $\mathbf{X}$ 的平均值。

$$\bar{x} = \frac{\sum_{x \in \mathbf{X}_1} x + \sum_{x \in \mathbf{X}_2} x + \cdots + \sum_{x \in \mathbf{X}_k} x}{n_1 + n_2 \cdots + n_k}$$

在最簡單的層面上，我們只需要計算成對的操作，因為任何數量的操作都可以用這種方式減少。舉例來說，$\mathbf{X} = (\mathbf{X}_1 + \mathbf{X}_2) + (\mathbf{X}_3 + \mathbf{X}_4)$ 是三個成對操作的組合。對於兩個一組的操作，一般情況是這樣的：其一，我們合併兩個部分，每個部分都有 $n_i > 1$；其二，一個部分具有 $n_i > 1$，另一個部分是 $n_i = 1$ 的單個分區；其三，兩個部分都是單個的。

累積統計

我們在前面的章節討論過統計如何更新。或許你會想到我們可以在不同機器與不同時間計算與儲存（無正規化）矩，之後於方便時再更新它們。只要你記錄點的數量與所有相關統計矩，你可以在任何時候利用它們並以新的資料點更新。DescriptiveStatistics 類別儲存所有資料並在一長串計算中執行更新，而 SummaryStatistics（與 Multivariate SummaryStatistics 類別）並不儲存輸入的資料，這些類別只儲存相關的 n、M_1、M_2。對大量資料集，這是我們需要平均值或標準差等統計而無需大量儲存成本或處理量的高效率方式。

```
SummaryStatistics ss = new SummaryStatistics();

/* 此類別無需儲存，設計成每次處理一個值 */
ss.addValue(1.0);
ss.addValue(11.0);
ss.addValue(5.0);
```

```
/* 輸出報表 */
System.out.println(ss);
```

如同 DescriptiveStatistics 類別，SummaryStatistics 類別也有 toString() 方法來輸出報表：

```
SummaryStatistics:
n: 3
min: 1.0
max: 11.0
sum: 17.0
mean: 5.666666666666667
geometric mean: 3.8029524607613916
variance: 25.333333333333332
population variance: 16.88888888888889
second moment: 50.666666666666664
sum of squares: 147.0
standard deviation: 5.033222956847166
sum of logs: 4.007333185232471
```

對多變量統計，MultivariateSummaryStatistics 類別等於單變量統計的類別。要初始化此類別，你必須指定變量的維度（資料集的欄數量）與輸入資料是否為樣本。通常此選項應該設為 true，但預設為 false，這會產生後果。MultivariateSummaryStatistics 類別有記錄每一組變異數的共變異數的方法。將建構元參數 isCovarianceBiasedCorrected 設為 true 以使用共變異數的偏差矯正因素：

```
MultivariateSummaryStatistics mss = new MultivariateSummaryStatistics(3, true);

/* 資料可以是 2d 陣列、矩陣或具有雙精度陣列資料欄的類別 */
double[] x1 = {1.0, 2.0, 1.2};
double[] x2 = {11.0, 21.0, 10.2};
double[] x3 = {5.0, 7.0, 0.2};

/* 此類別無儲存，因此每次處理一個值 */
mss.addValue(x1);
mss.addValue(x2);
mss.addValue(x3);

/* 輸出報表 */
System.out.println(mss);
```

如同 SummaryStatistics，我們可以輸出報表加上共變異數矩陣：

```
MultivariateSummaryStatistics:
n: 3
min: 1.0, 2.0, 0.2
max: 11.0, 21.0, 10.2
mean: 5.666666666666667, 10.0, 3.866666666666667
geometric mean: 3.8029524607613916, 6.649399761150975, 1.3477328201610665
sum of squares: 147.0, 494.0, 105.52
sum of logarithms: 4.007333185232471, 5.683579767338681, 0.8952713646500794
standard deviation: 5.033222956847166, 9.848857801796104, 5.507570547286103
covariance: Array2DRowRealMatrix{{25.3333333333,49.0,24.3333333333},
{49.0,97.0,51.0},{24.3333333333,51.0,30.3333333333}}
```

當然，每個量都可以透過方法存取：

```
int d = mss.getDimension();
long n = mss.getDimension();
double[] min = mss.getMin();
double[] max = mss.getMax();
double[] mean = mss.getMean();
double[] std = mss.getStandardDeviation();
RealMatrix cov = mss.getCovariance();
```

 此時，SummaryStatistics 與 MultivariateSummaryStatistics 並不計算第三與第四階矩，因此無法計算斜度與峰度。它們正開發中！

合併統計

無正規化統計矩與共矩也可以合併。這在平行處理資料各部分完成後合併結果時很有用。

對此工作，我們使用 AggregateSummaryStatistics 類別。一般來說，統計矩隨著階的增加展開。換句話說，為計算第三階矩 M_3，你需要矩 M_2 與 M_1。因此，必須首先計算和更新最高階次，然後再向下計算。

舉例來說，計算前述量 $\delta_{2,1}$ 後更新 M_4：

$$M_4 = M_{4,1} + M_{4,2} + n_1 n_2 \left(n_1^2 - n_1 n_2 + n_2^2\right)\frac{\delta_{2,1}^4}{n^3} + 6\left(n_1^2 M_{2,2} - n_2^2 M_{2,1}\right)\frac{\delta_{2,1}^2}{n^2}$$

$$+ 4\left(n_1 M_{3,2} - n_2 M_{3,1}\right)\frac{\delta_{2,1}}{n}$$

然後更新 M_3：

$$M_3 = M_{3,1} + M_{3,2} + n_1 n_2 \left(n_1 - n_2\right)\frac{\delta_{2,1}^3}{n^2} + 3\left(n_1 M_{2,2} - n_2 M_{2,1}\right)\frac{\delta_{2,1}}{n}$$

接下來更新 M_2：

$$M_2 = M_{2,1} + M_{2,2} + n_1 n_2 \frac{\delta_{2,1}^2}{n}$$

最後更新平均值：

$$\bar{x} = \bar{x}_1 + n_2 \frac{\delta_{2,1}}{n}$$

請注意，這些更新公式用於合併資料分區，皆為 $n_i > 1$。如果其中任一個分區是單個（$n_i = 1$），則使用前一節中的遞增更新公式。

下面是個展示結合獨立統計的範例。請注意，SummaryStatistics 的實例可序列化並儲存供後續使用。

```
// 下面三個結果可從三台
// 機器在不同時間計算出

SummaryStatistics ss1 = new SummaryStatistics();
ss1.addValue(1.0);
ss1.addValue(11.0);
ss1.addValue(5.0);

SummaryStatistics ss2 = new SummaryStatistics();
ss2.addValue(2.0);
ss2.addValue(12.0);
ss2.addValue(6.0);
```

```
SummaryStatistics ss3 = new SummaryStatistics();
ss3.addValue(0.0);
ss3.addValue(10.0);
ss3.addValue(4.0);

// 下面的結果可在之後
// 任何時間任一機器上計算

List<SummaryStatistics> ls = new ArrayList<>();
ls.add(ss1);
ls.add(ss2);
ls.add(ss3);

StatisticalSummaryValues s = AggregateSummaryStatistics.aggregate(ls);

System.out.println(s);
```

它輸出下列如同對單一資料集計算的報表：

```
StatisticalSummaryValues:
n: 9
min: 0.0
max: 12.0
mean: 5.666666666666667
std dev: 4.444097208657794
variance: 19.75
sum: 51.0
```

迴歸

SimpleRegression 類別很有幫助，因為可執行矩與共矩的相加。聚合統計產生如原始統計一樣的結果：

```
SimpleRegression rg = new SimpleRegression();

/* 安斯庫姆的 x1 與 y1 的 x-y 對 */
double[][] xyData = {{10.0, 8.04}, {8.0, 6.95}, {13.0, 7.58},
        {9.0, 8.81}, {11.0, 8.33}, {14.0, 9.96}, {6.0, 7.24},
        {4.0, 4.26}, {12.0, 10.84}, {7.0, 4.82}, {5.0, 5.68}};

rg.addData(xyData);

/**/
double[][] xyData2 = {{10.0, 8.04}, {8.0, 6.95}, {13.0, 7.58},
        {9.0, 8.81}, {11.0, 8.33}, {14.0, 9.96}, {6.0, 7.24},
```

```
                {4.0, 4.26}, {12.0, 10.84}, {7.0, 4.82}, {5.0, 5.68}};

    SimpleRegression rg2 = new SimpleRegression();
    rg2.addData(xyData);

    /* 合併 rg 與 rg2 */
    rg.append(rg2);

    /* 取得組合迴歸結果 */
    double alpha = rg.getIntercept(); // 3.0
    double alpha_err = rg.getInterceptStdErr(); // 1.12
    double beta = rg.getSlope(); // 0.5
    double beta_err = rg.getSlopeStdErr(); // 0.12
    double r2 = rg.getRSquare(); // 0.67
```

在多變量迴歸中，MillerUpdatingRegression 可透過 MillerUpdatingRegression.addObserva
tion(double[] x, double y) 或 MillerUpdatingRegression.addObservations(double[][] x,
double[] y) 進行無儲存迴歸。

```
    int numVars = 3;
    boolean includeIntercept = true;
    MillerUpdatingRegression r =
        new MillerUpdatingRegression(numVars, includeIntercept);
    double[][] x = {{0, 0.5}, {1, 1.2}, {2, 2.5}, {3, 3.6}};
    double[] y = {-1, 0.2, 0.9, 2.1};
    r.addObservations(x, y);
    RegressionResults rr = r.regress();
    double[] params = rr.getParameterEstimates();
    double[] errs = rr.getStdErrorOfEstimates();
    double r2 = rr.getRSquared();
```

使用內建資料集函式

大部分的資料庫內建有統計聚合函式。若資料已經存於 MySQL 中，可能不需要將資料
匯入 Java 應用程式中。你可以使用內建函式，使用 GROUP BY 與 ORDER BY 加上 WHERE 句子
可進行統計運算。要記得計算必須在某個地方完成，也許是你的應用程式不然就是資料
庫伺服器。要考慮的是資料是否很少所以 I/O 與 CPU 不是問題？若不想要資料庫 CPU
效能受影響，利用使用 I/O 流量或許沒問題。有時候你需要資料庫的 CPU 進行所有計算
並以一點 I/O 傳回結果給應用程式。

DB 應用程式計算所有統計並只使用一點 I/O 將結果傳回給等待中的應用程式。

 在 MySQL 中,內建的 STDDEV 函式回傳母體的標準差。使用更明確的 STDDEV_SAMP 與 STDDEV_POP 函式分別回傳樣本與母體標準差。

舉例來說,我們可以用內建函式查詢資料表,下面是查詢銷售資料表的 AVG 與 STDDEV 等統計的範例:

```
SELECT city, SUM(revenue) AS total_rev, AVG(revenue) AS avg_rev,
    STDDEV(revenue) AS std_rev
    FROM sales_table WHERE <some criteria> GROUP BY city ORDER BY total_rev DESC;
```

請注意,我們可以直接使用 JDBC 查詢或傳給 StatisticalSummaryValues(double mean, double variance, long count, double min, double max) 建構元供後續使用。假設有個查詢如下:

```
SELECT city, AVG(revenue) AS avg_rev,
            VAR_SAMP(revenue) AS var_rev,
            COUNT(revenue) AS count_rev,
    MIN(revenue) AS min_rev, MAX(revenue) AS max_rev
    FROM sales_table WHERE <some criteria> GROUP BY city;
```

我們可以在迭代資料庫指標時,產生 List 或 Map 中的每個 StatistialSummaryValues 實例(任意的)與等於 city 的鍵:

```
Map<String, StatisticalSummaryValues> revenueStats = new HashMap<>();

Statement st = c.createStatement();
ResultSet rs = st.executeQuery(selectSQL);
while(rs.next()) {
    StatisticalSummaryValues ss = new StatisticalSummaryValues(
        rs.getDouble("avg_rev"),
        rs.getDouble("var_rev"),
        rs.getLong("count_rev"),
        rs.getDouble("min_rev"),
        rs.getDouble("max_rev") );

    revenueStats.put(rs.getString("city"), ss);
}
rs.close();
st.close();
```

一點簡單的資料庫功能就可以節省較大資料集的大量 I/O。

資料操作

我們已經看過如何輸入資料到資料結構中，可以使用統計與線性代數操作資料。有許多操作可在資料進入學習演算法之前執行，這通常稱為前置處理，此步驟結合資料清理、調整或縮放資料、降低資料大小、將文字資料編碼成數值，以及分割資料以供模型訓練與測試。通常我們的資料已經是某種形式（例如 List 或 double[][]），且所使用的學習程序會取用這些格式。此外，學習演算法可能需要知道標籤是二進位或多類別，甚或以某種文字方式編碼。我們必須考慮這個部分，並在資料進入學習演算法前處理好。這一章討論的步驟可以是處理來源的原始資料以供學習，或預測演算法使用的自動化流程中的一部分。

轉換文字資料

許多學習與預測演算法需要數值輸入。最簡單的方式之一是建構向量空間模型，定義已知長度的向量，然後指派文字段（或詞）集合給相對應的向量集合。轉換文字到向量的一般程序有許多選項與變化。我們會假設已經存在大量文字（文集）可分割成詞（字符）的句子或行（文件）。請注意，文集、文件、字符可由使用者定義。

從文件擷取字符

我們想要從文件擷取字符。因為有很多種辦法，我們建構一個具有輸入文件字串並回傳 String 陣列方法的界面：

```
public interface Tokenizer {
    String[] getTokens(String document);
}
```

字符中有很多不需要的字元，例如標點符號、數字或其他字元。當然，這要視你的應用
而定。下面的範例只需要一般英文字詞，因此我們可以清理字符，只接受字母。使用最
小字符大小可讓我們略過 *a*、*or* 或 *at* 等字詞。

```java
public class SimpleTokenizer implements Tokenizer {

    private final int minTokenSize;

    public SimpleTokenizer(int minTokenSize) {
        this.minTokenSize = minTokenSize;
    }

    public SimpleTokenizer() {
        this(0);
    }

    @Override
    public String[] getTokens(String document) {
        String[] tokens = document.trim().split("\\s+");
        List<String> cleanTokens = new ArrayList<>();
        for (String token : tokens) {
            String cleanToken = token.trim().toLowerCase()
              .replaceAll("[^A-Za-z\']+", "");
            if(cleanToken.length() > minTokenSize) {
                cleanTokens.add(cleanToken);
            }
        }
        return cleanTokens.toArray(new String[0]);
    }
}
```

利用字典

字典是相關條目的清單（即 "詞彙"）。實作字典的策略有很多種。最重要的功能是每
個條目必須有相關聯的整數值對應它在向量中的位置。當然，它可以是以位置搜尋的陣
列，但對大型字典就沒效率且使用 Map 比較好。對更大的字典，可以略過條目儲存體改
使用雜湊。一般來說，我們必須知道字典條目的數量，以建構向量與回傳特定索引條目
的方法。請注意，整數不能為 null，因此使用包裝型別 Integer 使回傳的索引可為 int
或 null 值。

```java
public interface Dictionary {
    Integer getTermIndex(String term);
    int getNumTerms();
}
```

我們可以建構搜集 Tokenizer 實例的字典。請注意，此策略是對每個項目加入一個條目與整數。新項目會遞增計數，而重複的項目會被拋棄且不遞增計數。此例中，TermDictionary 類別需要新增條目的方法：

```java
public class TermDictionary implements Dictionary {

    private final Map<String, Integer> indexedTerms;
    private int counter;

    public TermDictionary() {
        indexedTerms = new HashMap<>();
        counter = 0;
    }

    public void addTerm(String term) {
        if(!indexedTerms.containsKey(term)) {
            indexedTerms.put(term, counter++);
        }
    }

    public void addTerms(String[] terms) {
        for (String term : terms) {
            addTerm(term);
        }
    }

    @Override
    public Integer getTermIndex(String term) {
        return indexedTerms.get(term);
    }

    @Override
    public int getNumTerms() {
        return indexedTerms.size();
    }
}
```

對大量條目可以使用雜湊。基本上，我們使用條目的 String 值的雜湊值然後取字典條目數的模數，對大量條目（約一百萬），不太可能會碰撞。請注意，與 TermDictionary 不同，我們無需加入條目或記錄條目。每個條目的索引都是在過程中計算的。條目數量是我們設定的常數。為有效率的存取雜湊表，最好是讓條目數量等於 2^n。2^{20} 約為一百萬個條目。

```java
public class HashingDictionary implements Dictionary {

    private int numTerms; // 2^ 是最佳的

    public HashingDictionary() {
        // 2^20 = 1048576
        this(new Double(Math.pow(2,20)).intValue());
    }

    public HashingDictionary(int numTerms) {
        this.numTerms = numTerms;
    }

    @Override
    public Integer getTermIndex(String term) {
        return Math.floorMod(term.hashCode(), numTerms);
    }

    @Override
    public int getNumTerms() {
        return numTerms;
    }
}
```

文件向量化

有了字符與字典後，我們可以將一系列字轉換成可傳給機器學習演算法的數值。最直接的方式是先節點字典放什麼，然後計算出現在句子（或對象文字）中的次數。這通常稱為詞袋。在某些情況下，我們只想要知道是否出現某個字。在這種情況下，向量放的是1 而非計數：

```java
public class Vectorizer {

    private final Dictionary dictionary;
    private final Tokenizer tokenzier;
    private final boolean isBinary;

    public Vectorizer(Dictionary dictionary, Tokenizer tokenzier,
        boolean isBinary) {
        this.dictionary = dictionary;
        this.tokenzier = tokenzier;
        this.isBinary = isBinary;
    }

    public Vectorizer() {
```

```
            this(new HashingDictionary(), new SimpleTokenizer(), false);
        }

        public RealVector getCountVector(String document) {
            RealVector vector = new OpenMapRealVector(dictionary.getNumTerms());
            String[] tokens = tokenzier.getTokens(document);
            for (String token : tokens) {
                Integer index = dictionary.getTermIndex(token);
                if(index != null) {
                    if(isBinary) {
                        vector.setEntry(index, 1);
                    } else {
                        vector.addToEntry(index, 1); // 遞增！
                    }
                }
            }
            return vector;
        }

        public RealMatrix getCountMatrix(List<String> documents) {
            int rowDimension = documents.size();
            int columnDimension = dictionary.getNumTerms();
            RealMatrix matrix = new OpenMapRealMatrix(rowDimension, columnDimension);
            int counter = 0;
            for (String document : documents) {
                matrix.setRowVector(counter++, getCountVector(document));
            }
            return matrix;
        }
    }
```

在某些情況下，我們要降低常見詞的效應。詞頻率 - 逆文件頻率（TFIDF）向量就是這個用途。TFIDF 在詞於少量文件中出現多次時最高但在接近出現於所有文件時最低。請注意，TFIDF 是詞頻率乘以逆文件頻率：$TFIDF = TF \times IDF$。此處的 TF 是詞出現在一個文件中的次數（其計數向量）。IDF 是詞出現在文件的次數這個文件頻率 DF 的（模擬）逆。一般來說，我們可以計算每個文件中的詞次數以計算 TF，以計算每個文件的二進位向量並與處理每個文件時累計向量加總。最常見的 TFIDF 形式如下，N 是處理文件的總數：

$$TFIDF_{t,d} = TF_{t,d} \log (N/DF_t)$$

這只是 TFIDF 的策略之一。請注意，若 N 或 DF 有零值時 log 函式會發生問題。有些策略會加入小因數或 1 來避免。我們可以在實作中設定 log(0) 為 0。一般來說，實作先建構計數矩陣然後對矩陣進行操作，轉換每個詞成加權 TFIDF 值。由於這些矩陣通常是稀疏的，依序處理運算子是個好主意：

```java
public class TFIDF implements RealMatrixChangingVisitor {

    private final int numDocuments;
    private final RealVector termDocumentFrequency;
    double logNumDocuments;

    public TFIDF(int numDocuments, RealVector termDocumentFrequency) {
        this.numDocuments = numDocuments;
        this.termDocumentFrequency = termDocumentFrequency;
        this.logNumDocuments = numDocuments > 0 ? Math.log(numDocuments) : 0;
    }

    @Override
    public void start(int rows, int columns, int startRow, int endRow,
            int startColumn, int endColumn) {
        //NA
    }

    @Override
    public double visit(int row, int column, double value) {
        double df = termDocumentFrequency.getEntry(column);
        double logDF = df > 0 ? Math.log(df) : 0.0;
        // TFIDF = TF_i * log(N/DF_i) = TF_i * ( log(N) - log(DF_i) )
        return value * (logNumDocuments - logDF);
    }

    @Override
    public double end() {
        return 0.0;
    }

}
```

TFIDFVectorizer 使用計數與二進位計數：

```java
public class TFIDFVectorizer {

    private Vectorizer vectorizer;
    private Vectorizer binaryVectorizer;
    private int numTerms;
```

```java
    public TFIDFVectorizer(Dictionary dictionary, Tokenizer tokenzier) {
        vectorizer = new Vectorizer(dictionary, tokenzier, false);
        binaryVectorizer = new Vectorizer(dictionary, tokenzier, true);
        numTerms = dictionary.getNumTerms();
    }

    public TFIDFVectorizer() {
        this(new HashingDictionary(), new SimpleTokenizer());
    }

    public RealVector getTermDocumentCount(List<String> documents) {
        RealVector vector = new OpenMapRealVector(numTerms);
        for (String document : documents) {
            vector.add(binaryVectorizer.getCountVector(document));
        }
        return vector;
    }

    public RealMatrix getTFIDF(List<String> documents) {
        int numDocuments = documents.size();
        RealVector df = getTermDocumentCount(documents);
        RealMatrix tfidf = vectorizer.getCountMatrix(documents);
        tfidf.walkInOptimizedOrder(new TFIDF(numDocuments, df));
        return tfidf;
    }
}
```

下面的範例使用附錄 A 所述的 sentiment 資料集：

```java
/* sentiment 資料 ... 見附錄 */
Sentiment sentiment = new Sentiment();

/* 建構所有詞彙的字典 */
TermDictionary termDictionary = new TermDictionary();

/* 需要基本字符化程序以解析文字 */
SimpleTokenizer tokenizer = new SimpleTokenizer();

/* 將 sentiment 資料集的所有詞彙加入到字典 */
for (String document : sentiment.getDocuments()) {
    String[]tokens = tokenizer.getTokens(document);
    termDictionary.addTerms(tokens);
}

/* 對每個句子建構詞計數矩陣 */
Vectorizer vectorizer = new Vectorizer(termDictionary, tokenizer, false);
```

```
RealMatrix counts = vectorizer.getCountMatrix(sentiment.getDocuments());

/* ... 或建構二進位計數 */
Vectorizer binaryVectorizer = new Vectorizer(termDictionary, tokenizer, true);
RealMatrix binCounts = binaryVectorizer.getCountMatrix(sentiment.getDocuments());

/* ... 或建構 TFIDF 矩陣 */
TFIDFVectorizer tfidfVectorizer = new TFIDFVectorizer(termDictionary, tokenizer);
RealMatrix tfidf = tfidfVectorizer.getTFIDF(sentiment.getDocuments());
```

縮放與調整數值資料

要從類別取出資料或直接使用陣列？我們的目標是套用某種轉換到資料集的每個元素上，使 $f(x_{i,j}) \rightarrow x_{i,j}^*$。縮放資料有兩種基本方式：以欄或以列縮放。對於欄縮放，我們只需搜集每個資料欄的統計。明確的說，我們需要最小、最大、平均與標準差。若將整個資料集加到一個 MultivariateSummaryStatistics 實例中，我們會取得全部值。在其他的列縮放中，必須搜集每個列的 L1 或 L2 正規化。我們也可以將它們儲存在稀疏的 RealVector 實例中。

 若縮放資料以訓練模型，要保存你用到的最小、最大、平均或標準差！轉換新的資料集以用於預測時必須使用相同的技術，包括預儲參數。請注意，若分割資料成訓練 / 檢驗 / 測試集，則縮放訓練資料並使用這些值（例如平均值）來縮放檢驗與測試集才不會有誤差。

縮放欄

縮放欄的一般形式是使用 RealMatrixChangingVisitor，並預先計算的欄統計傳給建構元。操作每個矩陣元素時會用到合適的欄統計。

```
public class MatrixScalingOperator implements RealMatrixChangingVisitor {

    MultivariateSummaryStatistics mss;

    public MatrixScalingOperator(MultivariateSummaryStatistics mss) {
        this.mss = mss;
    }

    @Override
    public void start(int rows, int columns, int startRow, int endRow,
```

```
        int startColumn, int endColumn) {
            // 沒事
        }

        @Override
        public double visit(int row, int column, double value) {
            // 在這裡進行操作
        }

        @Override
        public double end() {
            return 0.0;
        }
    }
```

極小極大縮放

極小極大縮放確保每個欄獨立的最小值為 0 且最大值為 1。我們以極小極大轉換欄 j 的每個元素 i：

$$x_{i,j}^{\star} = \frac{x_{i,j} - x_j^{min}}{x_j^{max} - x_j^{min}}$$

實作方式如下：

```
    public class MatrixScalingMinMaxOperator implements RealMatrixChangingVisitor {
    ...
        @Override
        public double visit(int row, int column, double value) {
            double min = mss.getMin()[column];
            double max = mss.getMax()[column];
            return (value - min) / (max - min);
        }
    ...
    }
```

有時我們想要指定 a 下限與 b 上限（取代 0 與 1）。在這種情況下，先縮放成 0:1 比例再套用第二輪的縮放：

$$x_{i,j}^{a,b} = x_{i,j}^{\star}(b - a) + a$$

資料置中

依平均值置中確保資料欄的平均為零。但還是可能有極端最小與最大值,因為它們不受限。欄中的每個值以欄的平均值轉換:

$$x^*_{i,j} = x_{i,j} - \bar{x}_j$$

實作如下:

```
@Override
public double visit(int row, int column, double value) {
    double mean = mss.getMean()[column];
    return value - mean;
}
```

單位正規縮放

單位正規縮放又稱為標準分數。它重新縮放欄中的每個資料點,使其成為單位正規分佈的成員,將其集中在平均值上並除以標準偏差。然後每個欄的平均值為零,而值分佈大部分小於 1,但並不保證分佈,因為值不受限。

$$x^*_{i,j} = \frac{x_{i,j} - \bar{x}_j}{\sigma_j}$$

實作如下:

```
@Override
public double visit(int row, int column, double value) {
    double mean = mss.getMean()[column];
    double std = mss.getStandardDeviation()[column];
    return (value - mean) / std;
}
```

列縮放

每列資料是所有變數的記錄時,依列縮放通常是執行 L1 或 L2 調整:

```
public class MatrixScalingOperator implements RealMatrixChangingVisitor {

    RealVector normals;
```

```
    public MatrixScalingOperator(RealVector normals) {
        this.normals = normals;
    }

    @Override
    public void start(int rows, int columns, int startRow, int endRow,
        int startColumn, int endColumn) {
        // 沒事
    }

    @Override
    public double visit(int row, int column, double value) {
        // 實作
    }

    @Override
    public double end() {
        return 0.0;
    }
}
```

L1 調整

在這種情況下，我們將每一列資料正規化使（絕對值）加總等於 1，因為我們將列 i 的每個元素 j 除以列的 L1：

$$x^{\star}_{i,j} = \frac{x_{i,j}}{|\mathbf{x_i}|}$$

實作如下：

```
    @Override
    public double visit(int row, int column, double value) {
        double rowNormal = normals.getEntry(row);
        return ( rowNormal > 0 ) ? value / rowNormal : 0;
    }
```

L2 調整

L2 調整以列而非欄縮放。在這種情況下，我們將列 i 的每個元素 j 除以列的 L2 來正規化每個列。每個列的長度會等於 1：

$$x_{i,j}^* = \frac{x_{i,j}}{\parallel \mathbf{x_i} \parallel}$$

實作如下：

```
@Override
public double visit(int row, int column, double value) {
    double rowNormal = normals.getEntry(row);
    return ( rowNormal > 0 ) ? value / rowNormal : 0;
}
```

矩陣縮放運算子

我們可以將縮放演算法放在靜態方法中，因為我們會於原處改變矩陣：

```
public class MatrixScaler {

    public static void minmax(RealMatrix matrix) {
        MultivariateSummaryStatistics mss = getStats(matrix);
        matrix.walkInOptimizedOrder(new MatrixScalingMinMaxOperator(mss));
    }

    public static void center(RealMatrix matrix) {
        MultivariateSummaryStatistics mss = getStats(matrix);
        matrix.walkInOptimizedOrder(
          new MatrixScalingOperator(mss, MatrixScaleType.CENTER));
    }

    public static void zscore(RealMatrix matrix) {
        MultivariateSummaryStatistics mss = getStats(matrix);
        matrix.walkInOptimizedOrder(
          new MatrixScalingOperator(mss, MatrixScaleType.ZSCORE));
    }

    public static void l1(RealMatrix matrix) {
        RealVector normals = getL1Normals(matrix);
        matrix.walkInOptimizedOrder(
          new MatrixScalingOperator(normals, MatrixScaleType.L1));
    }

    public static void l2(RealMatrix matrix) {
        RealVector normals = getL2Normals(matrix);
        matrix.walkInOptimizedOrder(
          new MatrixScalingOperator(normals, MatrixScaleType.L2));
    }
```

```java
    private static RealVector getL1Normals(RealMatrix matrix) {
        RealVector normals = new OpenMapRealVector(matrix.getRowDimension());
        for (int i = 0; i < matrix.getRowDimension(); i++) {
            double l1Norm = matrix.getRowVector(i).getL1Norm();
            if (l1Norm > 0) {
                normals.setEntry(i, l1Norm);
            }
        }
        return normals;
    }

    private static RealVector getL2Normals(RealMatrix matrix) {
        RealVector normals = new OpenMapRealVector(matrix.getRowDimension());
        for (int i = 0; i < matrix.getRowDimension(); i++) {
            double l2Norm = matrix.getRowVector(i).getNorm();
            if (l2Norm > 0) {
                normals.setEntry(i, l2Norm);
            }
        }
        return normals;
    }

    private static MultivariateSummaryStatistics getStats(RealMatrix matrix) {
        MultivariateSummaryStatistics mss =
        new MultivariateSummaryStatistics(matrix.getColumnDimension(), true);
        for (int i = 0; i < matrix.getRowDimension(); i++) {
            mss.addValue(matrix.getRow(i));
        }
        return mss;
    }
}
```

現在它就很容易使用：

```java
RealMatrix matrix = new OpenMapRealMatrix(10, 3);
        matrix.addToEntry(0, 0, 1.0);
        matrix.addToEntry(0, 2, 2.0);
        matrix.addToEntry(1, 0, 1.0);
        matrix.addToEntry(2, 0, 3.0);
        matrix.addToEntry(3, 1, 5.0);
        matrix.addToEntry(6, 2, 1.0);
        matrix.addToEntry(8, 0, 8.0);
        matrix.addToEntry(9, 1, 3.0);

/* 原處縮放矩陣 */
MatrixScaler.minmax(matrix);
```

縮減資料為主成分

主成分分析（PCA）的目標是將資料集轉換成維度較少的資料集。可以將它視為對 $m \times n$ 矩陣 X 套用函數 f 使結果為 $m \times k$ 的矩陣 X_k，其 $k < n$：

$$\mathbf{X}_k = f(\mathbf{X})$$

這是透過線性代數演算法找到特徵向量和特徵值來實現的。這種類型轉換的一個好處是新的維度從最重要到最不重要排列。對於多維資料，我們有時可以透過繪製主成分的前兩個維度來深入了解任何重要的關係。在圖 4-1 中，繪製了 Iris 資料集（見附錄 A）的前兩個主要組成部分。Iris 資料集是具有三個可能標籤的四維特徵集合。在這幅圖中，我們注意到透過繪製投影到前兩個主成分上的原始資料，可以看到三個類別的分離。繪製原始資料集的兩個維度中的任何一個時，都不會出現這種區別。

但對高維度資料，我們需要更扎實的方式來判斷保存主成分的數量。因為主成分的排列是從最重要到最不重要，可以透過計算特徵值 λ 的正規化累積和來計算主成分的解釋變異數：

$$\sigma^2(k) = \frac{1}{\sigma^2_{max}} \sum_{i=1}^{k} \lambda_i$$

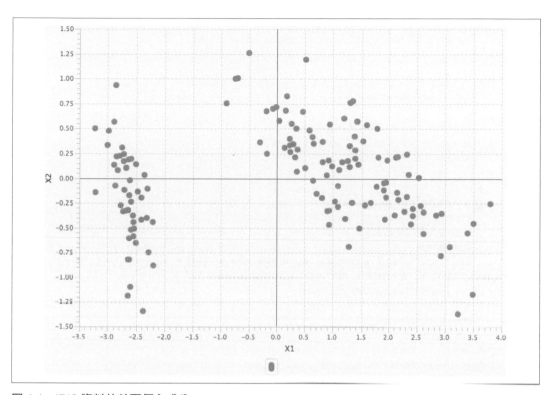

圖 4-1　IRIS 資料的前兩個主成分

此處，每個額外的成分解釋了額外的百分比資料。解釋變異數有兩個用途。當我們明確選擇一些主成分時，可以計算出這個新變換解釋了多少原始資料集。在另一種情況下，當我們達到期望的覆蓋範圍時，可以迭代變異數向量並停止在所需的分量 k 處。

在執行主成分分析時，有幾種計算特徵值和特徵向量的策略。最後，我們只想取得轉換的資料。對於實作細節可以包含在單獨的類別中的策略模式來說，這是一個很好的例子，而主要的 PCA 類別只是一個外殼：

```
public class PCA {

    private final PCAImplementation pCAImplementation;

    public PCA(RealMatrix data, PCAImplementation pCAImplementation) {
        this.pCAImplementation = pCAImplementation;
        this.pCAImplementation.compute(data);
    }
```

```java
public RealMatrix getPrincipalComponents(int k) {
    return pCAImplementation.getPrincipalComponents(k);
}

public RealMatrix getPrincipalComponents(int k, RealMatrix otherData) {
    return pCAImplementation.getPrincipalComponents(k, otherData);
}

public RealVector getExplainedVariances() {
    return pCAImplementation.getExplainedVariances();
}

public RealVector getCumulativeVariances() {
    RealVector variances = getExplainedVariances();
    RealVector cumulative = variances.copy();
    double sum = 0;
    for (int i = 0; i < cumulative.getDimension(); i++) {
        sum += cumulative.getEntry(i);
        cumulative.setEntry(i, sum);
    }
    return cumulative;
}

public int getNumberOfComponents(double threshold) {
    RealVector cumulative = getCumulativeVariances();
    int numComponents=1;
    for (int i = 0; i < cumulative.getDimension(); i++) {
        numComponents = i + 1;
        if(cumulative.getEntry(i) >= threshold) {
            break;
        }
    }
    return numComponents;
}

public RealMatrix getPrincipalComponents(double threshold) {
    int numComponents = getNumberOfComponents(threshold);
    return getPrincipalComponents(numComponents);
}

public RealMatrix getPrincipalComponents(double threshold,
    RealMatrix otherData) {
    int numComponents = getNumberOfComponents(threshold);
    return getPrincipalComponents(numComponents, otherData);
```

```
        }

    }
```

然後我們提供 PCAImplementation 界面的下列方法，以將輸入資料分解成它的主成分：

```
public interface PCAImplementation {

    void compute(RealMatrix data);

    RealVector getExplainedVariances();

    RealMatrix getPrincipalComponents(int numComponents);

    RealMatrix getPrincipalComponents(int numComponents, RealMatrix otherData);
}
```

共變異數方法

計算 PCA 的　個方法是找出共變異數矩陣 $\mathbf{X}$ 的特徵值分解。當中矩陣 $\mathbf{X}$ 的主成分是共變異數的特徵向量：

$$\mathbf{C} = \frac{1}{n-1}\left(\mathbf{X} - \overline{\mathbf{X}}\right)^{T}\left(\mathbf{X} - \overline{\mathbf{X}}\right)$$

這種共變異數計算方法可能是計算密集型的，因為它可能需要將兩個大矩陣相乘。然而，在第三章中，我們討論了一個不需要矩陣轉置的計算共變異數的有效更新公式。當使用 Apache Commons Math 的 Covariance 類別或實作它的其他類別（例如 MultivariateSummaryStatistics）時使用高效率的更新公式。然後共變異數 $\mathbf{C}$ 可以如下分解：

$$\mathbf{C} = \mathbf{V}\mathbf{D}\mathbf{V}^{T}$$

$\mathbf{V}$ 的欄是特徵向量，$\mathbf{D}$ 的對角分量是特徵值。Apache Commons Math 實作將特徵值（和相應的特徵向量）從最大到最小排序。通常，我們只需要 k 個分量，因此只需要 $\mathbf{V}$ 的前 k 欄。矩陣乘法能將以平均值為中心的資料投影到新分量上：

$$\mathbf{X}_{k} = \left(\mathbf{X} - \overline{\mathbf{X}}\right)\mathbf{V}_{k}$$

下面是使用共變異方法數實作的主成分分析：

```java
public class PCAEIGImplementation implements PCAImplementation {

    private RealMatrix data;
    private RealMatrix d; // 特徵值矩陣
    private RealMatrix v; // 特徵向量矩陣
    private RealVector explainedVariances;
    private EigenDecomposition eig;
    private final MatrixScaler matrixScaler;

    public PCAEIGImplementation() {
        matrixScaler = new MatrixScaler(MatrixScaleType.CENTER);
    }

    @Override
    public void compute(RealMatrix data) {
        this.data = data;
        eig = new EigenDecomposition(new Covariance(data).getCovarianceMatrix());
        d = eig.getD();
        v = eig.getV();
    }

    @Override
    public RealVector getExplainedVariances() {
        int n = eig.getD().getColumnDimension(); // colD = rowD
        explainedVariances = new ArrayRealVector(n);
        double[] eigenValues = eig.getRealEigenvalues();
        double cumulative = 0.0;
        for (int i = 0; i < n; i++) {
            double var = eigenValues[i];
            cumulative += var;
            explainedVariances.setEntry(i, var);
        }
        /* 以前一個（最高）值除向量使最大值為 1 */
        return explainedVariances.mapDivideToSelf(cumulative);
    }

    @Override
    public RealMatrix getPrincipalComponents(int k) {
        int m = eig.getV().getColumnDimension(); // rowD = colD
        matrixScaler.transform(data);
        return data.multiply(eig.getV().getSubMatrix(0, m-1, 0, k-1));
    }

    @Override
```

```
    public RealMatrix getPrincipalComponents(int numComponents,
        RealMatrix otherData) {
        int numRows = v.getRowDimension();
        // 新資料以就平均轉換
        matrixScaler.transform(otherData);
        return otherData.multiply(
            v.getSubMatrix(0, numRows-1, 0, numComponents-1));
    }
}
```

然後它可以用於好比取得前三個主成分或取得提供一半解釋變異數的所有分量：

```
/* 使用特徵值分解實作 */
PCA pca = new PCA(data, new PCAEIGImplementation());

/* 取得前三個分量 */
RealMatrix pc3 = pca.getPrincipalComponents(3);

/* 取得滿足 50% 解釋變異數所需的分量 */
RealMatrix pct = pca.getPrincipalComponents(.5);
```

SVD 方法

若 $\mathbf{X} - \overline{\mathbf{X}}$ 是 m 列 n 欄的平均中心矩陣，主成分的計算如下：

$$\mathbf{X} - \overline{\mathbf{X}} = \mathbf{U}\Sigma\mathbf{V}^T$$

請注意，奇異值分解的常見形式 $\mathbf{A} = \mathbf{U}\Sigma\mathbf{V}^T$，其中 $\mathbf{V}$ 的欄向量是特徵向量，特徵值是從 Σ 的對角線透過 $\lambda_i = \Sigma_{i,i}^2/(m-1)$ 解算；m 是資料的列數。執行平均中心 $\mathbf{X}$ 的奇異值分解後，投影如下：

$$\mathbf{X}_k = \mathbf{U}_k\Sigma_k$$

我們只保留了 $\mathbf{U}$ 的前 k 列和 Σ 的 $k \times k$ 左上子矩陣。用原始的平均中心資料和特徵向量來計算投影也是正確的：

$$\mathbf{X}_k = (\mathbf{X} - \overline{\mathbf{X}})\mathbf{V}_k$$

此處只保留 **V** 的前 *k* 列。特別是當我們用現有的特徵向量和方法來轉換一組新的資料時使用這個表示式。請注意,這些平均是用於 PCA 訓練的平均,而不是輸入資料的平均。這與前面的特徵值方法是一樣的。

Apache Commons Math 實作的是精簡 SVD,因為最多有 *p = min(m, n)* 個奇異值,因此無需如第二章所述計算完整的 SVD。下面是主成分分析的 SVD 實作且是首選的方法:

```java
public class PCASVDImplementation implements PCAImplementation {

    private RealMatrix u;
    private RealMatrix s;
    private RealMatrix v;
    private MatrixScaler matrixScaler;
    private SingularValueDecomposition svd;

    @Override
    public void compute(RealMatrix data) {
        MatrixScaler.center(data);
        svd = new SingularValueDecomposition(data);
        u = svd.getU();
        s = svd.getS();
        v = svd.getV();
    }

    @Override
    public RealVector getExplainedVariances() {
        double[] singularValues = svd.getSingularValues();
        int n = singularValues.length;
        int m = u.getRowDimension(); // U 的列數同資料
        RealVector explainedVariances = new ArrayRealVector(n);
        double sum = 0.0;
        for (int i = 0; i < n; i++) {
            double var = Math.pow(singularValues[i], 2) / (double)(m-1);
            sum += var;
            explainedVariances.setEntry(i, var);
        }
        /* 以前一個(最高)值除向量使最大值為 1 */
        return explainedVariances.mapDivideToSelf(sum);

    }

    @Override
    public RealMatrix getPrincipalComponents(int numComponents) {
        int numRows = svd.getU().getRowDimension();
        /* 含子矩陣邊界 */
        RealMatrix uk = u.getSubMatrix(0, numRows-1, 0, numComponents-1);
```

```
        RealMatrix sk = s.getSubMatrix(0, numComponents-1, 0, numComponents-1);
        return uk.multiply(sk);
    }

    @Override
    public RealMatrix getPrincipalComponents(int numComponents,
        RealMatrix otherData) {
        // 將（新）資料依原始資料的平均置中
        matrixScaler.transform(otherData);
        int numRows = v.getRowDimension();
        /// 包含 subMatrix 的索引
        return otherData.multiply(v.getSubMatrix(0, numRows-1, 0, numComponents-1));
    }
}
```

然後如下實作：

```
/* 使用純量值分解實作 */
PCA pca = new PCA(data, new PCASVDImplementation());

/* 取得前三個分量 */
RealMatrix pc3 = pca.getPrincipalComponents(3);

/* 取得滿足 50% 解釋變異數的分量 */
RealMatrix pct = pca.getPrincipalComponents(.5);
```

建構訓練、檢驗與測試集

對監督式學習，我們以一部分資料集建構模型，然後使用測試集製作預測並檢視是否正確（使用測試集已知的標籤）。有時候在訓練過程中需要第三組以供檢驗模型參數，這稱為檢驗集。

訓練集用於訓練模型，而檢驗集用於選擇模型。測試集於最後計算模型誤差。我們至少有兩個選項。首先，可以取樣隨機整數並從陣列或矩陣挑出。其次，可以重新排列資料本身作為 List 並挑出所需長度的子清單。

基於索引的重新取樣

為資料集的每個點建構索引：

```
public class Resampler {

    RealMatrix features;
```

```java
    RealMatrix labels;
    List<Integer> indices;
    List<Integer> trainingIndices;
    List<Integer> validationIndices;
    List<Integer> testingIndices;
    int[] rowIndices;
    int[] test;
    int[] validate;

    public Resampler(RealMatrix features, RealMatrix labels) {
        this.features = features;
        this.labels = labels;
        indices = new ArrayList<>();
    }

    public void calculateTestTrainSplit(double testFraction, long seed) {
        Random rnd = new Random(seed);
        for (int i = 1; i <= features.getRowDimension(); i++) {
            indices.add(i);
        }
        Collections.shuffle(indices, rnd);
        int testSize = new Long(Math.round(
        testFraction * features.getRowDimension())).intValue();
        /* sublist 包含 fromIndex 但排除 toIndex */
        testingIndices = indices.subList(0, testSize);
        trainingIndices = indices.subList(testSize, features.getRowDimension());
    }

    public RealMatrix getTrainingFeatures() {
        int numRows = trainingIndices.size();
        rowIndices = new int[numRows];
        int counter = 0;
        for (Integer trainingIndex : trainingIndices) {
            rowIndices[counter] = trainingIndex;
        }
        counter++;
        int numCols = features.getColumnDimension();
        int[] columnIndices = new int[numCols];
        for (int i = 0; i < numCols; i++) {
            columnIndices[i] = i;
        }
        return features.getSubMatrix(rowIndices, columnIndices);
    }
}
```

下面是使用 Iris 資料集的範例：

```
Iris iris = new Iris();

Resampler resampler = new Resampler(iris.getFeatures(), iris.getLabels());
resampler.calculateTestTrainSplit(0.40, 0L);

RealMatrix trainFeatures = resampler.getTrainingFeatures();
RealMatrix trainLabels = resampler.getTrainingLabels();
RealMatrix testFeatures = resampler.getTestingFeatures();
RealMatrix testLabels = resampler.getTestingLabels();
```

基於清單的重新取樣

在某些情況下，我們以一群物件作為資料。舉例來說，我們可能以 Record 型別的 List 保存每一筆（列）資料。建構基於 List 的取用泛用型別 T 的取樣程序很簡單：

```
public class Resampling<T> {

    private final List<T> data;
    private final int trainingSetSize;
    private final int testSetSize;
    private final int validationSetSize;

    public Resampling(List<T> data, double testFraction, long seed) {
        this(data, testFraction, 0.0, seed);
    }

    public Resampling(List<T> data, double testFraction,
    double validationFraction, long seed) {
        this.data = data;
        validationSetSize = new Double(
            validationFraction * data.size()).intValue();
        testSetSize = new Double(testFraction * data.size()).intValue();
        trainingSetSize = data.size() - (testSetSize + validationSetSize);
        Random rnd = new Random(seed);
        Collections.shuffle(data, rnd);
    }

    public int getTestSetSize() {
        return testSetSize;
    }

    public int getTrainingSetSize() {
        return trainingSetSize;
    }
```

```java
    public int getValidationSetSize() {
        return validationSetSize;
    }

    public List<T> getValidationSet() {
        return data.subList(0, validationSetSize);
    }

    public List<T> getTestSet() {
        return data.subList(validationSetSize, validationSetSize + testSetSize);
    }

    public List<T> getTrainingSet() {
        return data.subList(validationSetSize + testSetSize, data.size());
    }
}
```

對預先定義過的 Record 類別,我們可以如此使用取樣程序:

```java
Resampling<Record> resampling = new Resampling<>(data, 0.20, 0L);
//Resampling<Record> resampling = new Resampling<>(data, 0.20, 0.20, 0L);
List<Record> testSet = resampling.getTestSet();
List<Record> trainingSet = resampling.getTrainingSet();
List<Record> validationSet = resampling.getValidationSet();
```

小批次

有幾種學習演算法利用從大資料集隨機取樣的小批量資料(100 個資料點的級數)。我們可以重複使用我們的 MatrixResampler 程式進行此工作。要記得指定批次大小時,指定的是測試集而非訓練集,如 MatrixResampler 的實作:

```java
public class Batch extends MatrixResampler {

    public Batch(RealMatrix features, RealMatrix labels) {
        super(features, labels);
    }

    public void calcNextBatch(int batchSize) {
        super.calculateTestTrainSplit(batchSize);
    }

    public RealMatrix getInputBatch() {
        return super.getTestingFeatures();
    }
```

```java
    public RealMatrix getTargetBatch() {
        return super.getTestingLabels();
    }
}
```

標籤編碼

標籤為 *red* 或 *blue* 等文字欄時,我們將它們轉換成整數以供後續處理。

以分類演算法進行處理時,我們稱產生出的變數的每個獨特實例為類別。而 class 是 Java 的關鍵字,因此改使用 className、classLabel 或 classes 等詞。使用 classes 作為 List 的名稱時,要注意 IDE 的自動完成功能。

通用編碼程序

下面是泛用型別 T 的標籤編碼程序的實作。請注意,此系統建構從 0 到 $n-1$ 的類別。換句話說,產生的類別是在 ArrayList 中的位置:

```java
public class LabelEncoder<T> {

    private final List<T> classes;

    public LabelEncoder(T[] labels) {
        classes = Arrays.asList(labels);
    }

    public List<T> getClasses() {
        return classes;
    }

    public int encode(T label) {
        return classes.indexOf(label);
    }

    public T decode(int index) {
        return classes.get(index);
    }
}
```

下面是如何以真正的資料進行標籤編碼的範例：

```
String[] stringLabels = {"Sunday", "Monday", "Tuesday"};

LabelEncoder<String> stringEncoder = new LabelEncoder<>(stringLabels);

/* 注意類別依原始字串陣列排序 */
System.out.println(stringEncoder.getClasses()); //[Sunday, Monday, Tuesday]

for (Datum datum : data) {
    int classNumber = stringEncoder.encode(datum.getLabel);
    // 對類別進行操作，例如加入 List 或 Matrix
}
```

請注意，除了 String 型別外，它還可以操作任何包裝型別，但你的標籤很有可能是適合 Short、Integer、Long、Boolean 與 Character 的值。舉例來說，Boolean 標籤可為 true/false 布林，Character 可為代表 yes/no 的 Y/N 或代表 male/female 的 M/F 或代表 true/false 的 T/F。這要看來源資料檔案如何將標籤編碼而定。標籤不太可能是浮點數，若是，或許會有迴歸而非分類問題（也就是將連續變數認為離散變數）。使用 Integer 型別標籤的範例見下一節。

獨熱編碼

在某些情況下，將多項標籤轉換為多元二項式會更有效率。這如同將整數轉換為二進位形式，除了要求每次只有一個位置可以是熱的（等於 1）。舉例來說，我們可以將三個字串標籤編碼成整數，或以二進位字串中的位置代表每個字串：

```
Sunday  0  100
Monday  1  010
Tuesday 2  001
```

使用 List 編碼這些標籤時，我們這麼做：

```
public class OneHotEncoder {

    private int numberOfClasses;

    public OneHotEncoder(int numberOfClasses) {
        this.numberOfClasses = numberOfClasses;
    }

    public int getNumberOfClasses() {
        return numberOfClasses;
    }
```

```
    public int[] encode(int label) {
        int[] oneHot = new int[numberOfClasses];
        oneHot[label] = 1;
        return oneHot;
    }

    public int decode(int[] oneHot) {
        return Arrays.binarySearch(oneHot, 1);
    }
}
```

標籤為字串時，先將標籤以 LabelEncoder 實例編碼成整數，然後將整數標籤以 OneHot Encoder 實例編碼成獨熱。

```
String[] stringLabels = {"Sunday", "Monday", "Tuesday"};

LabelEncoder<String> stringEncoder = new LabelEncoder<>(stringLabels);

int numClasses = stringEncoder.getClasses.size();

OneHotEncoder oneHotEncoder = new oneHotEncoder(numClasses);

for (Datum datum : data) {
    int classNumber = stringEncoder.encode(datum.getLabel);
    int[] oneHot     = oneHotEncoder.encode(classNumber);
    // 對類別進行操作，例如加入 List 或 Matrix
}
```

如何反轉？假設我們有個預測模型回傳指派給學習程序的類別（通常，學習程序輸出機率，但我們可以假設已經轉換成類別）。首先我們要轉換獨熱（one-hot）輸出成其類別，然後必須像下面這樣將類別轉換成原始標籤：

```
[1, 0, 0]
[0, 0, 1]
[1, 0, 0]
[0, 1, 0]
```

然後必須從獨熱轉換成輸出預測：

```
for(Integer[] prediction: predictions) {
    int classLabel = oneHotEncoder.decode(prediction);
    String label = labelEncoder.decode(classLabel);
}

// 預測標籤為 Sunday, Tuesday, Sunday, Monday
```

學習與預測

這一章討論資料代表的意義與它如何推動決策過程。學習資料能給我們知識,而知識能讓我們做出關於未來的合理猜測。這是資料科學存在的目的:學習資料使我們能夠預測新資料。這可以是簡單的資料分類,它也可以擴展成一組(最終)邁向人工智慧的程序。學習主要分成兩類:無監督與監督式。

一般來說,我們將資料視為具有變數 X 與反應 Y,而我們的目標是以 X 建構模型來預測輸入新的 X 時會發生什麼事。若已經取得 Y,則我們可以 "監督" 模型的建構。在許多情況下,我們僅有變異數 X,模型必須以無監督的方式建構。典型無監督方式包括聚類,而有監督的學習包括任何迴歸方式(例如線性迴歸)或樸素貝葉斯、邏輯或深神經網路等分類程序。還有其他方式與變化,但無法全部說明,我們只能討論幾個最常見的。

學習演算法

有幾種演算法與其他技術有關,特別是我們經常使用迭代學習程序以重複最佳化或更新模型參數。有些方式可最佳化參數,而我們會討論梯度下降法。

迭代學習程序

一種學習模型的標準方式是循環預測狀態並更新狀態。迴歸、聚類與最大期望(EM)演算法都受益於類似形式的迭代學習程序。我們的策略是建構帶有所有模板迭代機制的類別,然後製作子類別以定義預測形式與參數更新方法。

```java
public class IterativeLearningProcess {

    private boolean isConverged;
```

```java
private int numIterations;
private int maxIterations;
private double loss;
private double tolerance;
private int batchSize; // 若等於 0 則使用全部資料
private LossFunction lossFunction;

public IterativeLearningProcess(LossFunction lossFunction) {
    this.lossFunction = lossFunction;
    loss = 0;
    isConverged = false;
    numIterations = 0;
    maxIterations = 200;
    tolerance = 10E-6;
    batchSize = 100;
}

public void learn(RealMatrix input, RealMatrix target) {
    double priorLoss = tolerance;
    numIterations = 0;
    loss = 0;
    isConverged = false;
    Batch batch = new Batch(input, target);
    RealMatrix inputBatch;
    RealMatrix targetBatch;
    while(numIterations < maxIterations && !isConverged) {
        if(batchSize > 0 && batchSize < input.getRowDimension()) {
            batch.calcNextBatch(batchSize);
            inputBatch = batch.getInputBatch();
            targetBatch = batch.getTargetBatch();
        } else {
            inputBatch = input;
            targetBatch = target;
        }
        RealMatrix outputBatch = predict(inputBatch);
        loss = lossFunction.getMeanLoss(outputBatch, targetBatch);
        if(Math.abs(priorLoss - loss) < tolerance) {
            isConverged = true;
        } else {
            update(inputBatch, targetBatch, outputBatch);
            priorLoss = loss;
        }
        numIterations++;
    }
}
```

```
    public RealMatrix predict(RealMatrix input) {
        throw new UnsupportedOperationException("Implement the predict method!");
    }

    public void update(RealMatrix input, RealMatrix target, RealMatrix output) {
        throw new UnsupportedOperationException("Implement the update method!");
    }

}
```

梯度下降最佳化程序

學習參數的一種方式是透過梯度下降（迭代第一階最佳化演算法）。這透過增量更新校正學習來最佳化參數（使用誤差）。隨機一詞意味著一次增加一個點，而不是使用整批資料。實務上，每次迭代學習過程的每個步驟都要隨機選擇一次，使用一次約 100 個點的小批量。總的想法是使損失函數最小化，使參數更新如下：

$$\theta_{t+1} = \theta_t + \Delta\theta_t$$

參數更新相關於物件函式 $f(\theta)$ 梯度使

$$\Delta\theta \propto \nabla f(\theta)$$

對深度網路，我們必須透過網路回傳此誤差。"深度網路"一節會深入討論這個部分。

對這一章，我們可以定義輸入特定梯度以回傳參數更新的界面。方法格式包括矩陣與向量：

```
public interface Optimizer {
    RealMatrix getWeightUpdate(RealMatrix weightGradient);
    RealVector getBiasUpdate(RealVector biasGradient);
}
```

最常見的梯度下降案例是從現有參數減去縮放過的梯度，使：

$$\Delta\theta_t = -\eta\nabla f(\theta)_t$$

更新規則如下：

$$\theta_{t+1} = \theta_t - \eta \nabla f(\theta)_t$$

最常見的隨機梯度下降（SGD）類型，是使用學習率將更新加入目前參數：

```
public class GradientDescent implements Optimizer {

    private double learningRate;

    public GradientDescent(double learningRate) {
        this.learningRate = learningRate;
    }

    @Override
    public RealMatrix getWeightUpdate(RealMatrix weightGradient) {
        return weightGradient.scalarMultiply(-1.0 * learningRate);
    }

    @Override
    public RealVector getBiasUpdate(RealVector biasGradient) {
        return biasGradient.mapMultiply(-1.0 * learningRate);
    }
}
```

此最佳化查詢的一種常見擴充是引用動量，在達到最佳時放慢程序以避免超過正確參數：

$$\Delta\theta_t = \rho\Delta\theta_{t-1} - \eta \nabla f(\theta)_t$$

更新規則如下：

$$\theta_{t+1} = \theta_t + \rho\Delta\theta_{t-1} - \eta \nabla f(\theta)_t$$

加入動量可透過擴充 GradientDescent 類別進行，為儲存最近更新的權重和偏差計算下一次更新做出規定。請注意，沒有先前更新的第一次更新會被存儲，因此會建構一個新的集（並初始化為零）：

```
public class GradientDescentMomentum extends GradientDescent {

    private final double momentum;
```

```
    private RealMatrix priorWeightUpdate;
    private RealVector priorBiasUpdate;

    public GradientDescentMomentum(double learningRate, double momentum) {
        super(learningRate);
        this.momentum = momentum;
        priorWeightUpdate = null;
        priorBiasUpdate = null;
    }

    @Override
    public RealMatrix getWeightUpdate(RealMatrix weightGradient) {
        // 若還沒有出現則建構
        // 同大小的零矩陣
        if(priorWeightUpdate == null) {
            priorWeightUpdate =
                new BlockRealMatrix(weightGradient.getRowDimension(),
                                    weightGradient.getColumnDimension());
        }
        RealMatrix update = priorWeightUpdate
                            .scalarMultiply(momentum)
                            .subtract(super.getWeightUpdate(weightGradient));
        priorWeightUpdate = update;
        return update;
    }

    @Override
    public RealVector getBiasUpdate(RealVector biasGradient) {
        if(priorBiasUpdate == null) {
            priorBiasUpdate = new ArrayRealVector(biasGradient.getDimension());
        }
        RealVector update = priorBiasUpdate
                            .mapMultiply(momentum)
                            .subtract(super.getBiasUpdate(biasGradient));
        priorBiasUpdate = update;
        return update;
    }
}
```

這是發展中的領域。使用這種方法能擴充功能,例如透過 ADAM 或 ADADELTA 等演算法。

評估學習程序

迭代過程可無限運行。我們會指定一個最大迭代次數，使任何行程都不能不停的計算下去。通常這是 10^3 到 10^6 次迭代，但沒有規則。如果達到了某個標準，就可以儘早停止迭代過程。我們將此稱為 "收斂"，其想法是我們的行程已經收斂在似乎是計算中一個穩定點的答案上（例如，自由參數不再以足夠大的量變化以保證程序的繼續）。當然，有多種方法可以做到這一點。雖然某些學習技術適合具體的收斂標準，但沒有通用的方法。

損失函數最小化

損失函數指定預測輸出與目標輸出之間的損失。它也被稱為成本函數或誤差項。給定一個奇異的輸入向量 x，輸出向量 y 和預測向量 $\hat{y}$，樣本的損失用 $\mathcal{L}(y, \hat{y})$ 表示。損失函數的形式取決於輸出資料的基本統計分佈。在大多數情況下，p 維輸出和預測的損失是每個維度的純量損失之和：

$$\mathcal{L}(\mathbf{y}, \hat{\mathbf{y}}) = \sum_p \mathcal{L}(y, \hat{y})$$

由於我們經常處理大批次的資料，所以計算整個批次的平均損失。當我們談論損失函數最小化時，是將輸入學習演算法的一批資料的平均損失最小化。在很多情況下，我們可以將損失的梯度 $\nabla \mathcal{L}(y, \hat{y})$ 運用在糾正學習上。相對於預測值 $\frac{\partial \mathcal{L}}{\partial \hat{y}_i}$ 的損失梯度通常可以很容易地計算出來，然後返回一個與輸入相同形式的損失梯度。

在某些文件中，輸出記為 t（代表 *truth* 或 *target*），而預測記為 y。本書將輸出記為 y 而預測記為 $\hat{y}$。請注意，y 在這兩種記法中的意義不同。

許多形式依變數型別（連續、離散或兩者皆有）與其統計分佈而定，但通常使用界面。將實作留給特定類別的原因之一是可讓線性代數程序利用最佳化演算法。

```java
public interface LossFunction {
    public double getSampleLoss(double predicted, double target);
    public double getSampleLoss(RealVector predicted, RealVector target);
    public double getMeanLoss(RealMatrix predicted, RealMatrix target);
    public double getSampleLossGradient(double predicted, double target);
    public RealVector getSampleLossGradient(RealVector predicted,
                                            RealVector target);
```

```
    public RealMatrix getLossGradient(RealMatrix predicted, RealMatrix target);
}
```

線性損失

線性損失又稱為絕對損失，是輸出與預測差的絕對值：

$$\mathscr{L}(y, \hat{y}) = |\hat{y} - y|$$

梯度會產生誤導，因為不能忽略絕對值記號：

$$\frac{\partial \mathscr{L}(y, \hat{y})}{\partial \hat{y}} = \frac{\hat{y} - y}{|\hat{y} - y|}$$

在 $\hat{y} - y - 0$ 處沒有定義梯度，因為 $\mathscr{L}$ 在那裡有不連續性。梯度為零時，我們可以透過程式指定梯度函數值為 0 以避免 1/0 的例外。這樣，梯度函數以回傳 −1、0、1。理想情況下，我們使用視輸入值 x < 0、x = 0、x > 0 而回傳 −1、0、1 的數學函數 $sign(x)$。

```java
public class LinearLossFunction implements LossFunction {

    @Override
    public double getSampleLoss(double predicted, double target) {
        return Math.abs(predicted - target);
    }

    @Override
    public double getSampleLoss(RealVector predicted, RealVector target) {
        return predicted.getL1Distance(target);
    }

    @Override
    public double getMeanLoss(RealMatrix predicted, RealMatrix target) {
        SummaryStatistics stats = new SummaryStatistics();
        for (int i = 0; i < predicted.getRowDimension(); i++) {
            double dist = getSampleLoss(predicted.getRowVector(i),
            target.getRowVector(i));
            stats.addValue(dist);
        }
        return stats.getMean();
    }
```

```java
@Override
public double getSampleLossGradient(double predicted, double target) {
    return Math.signum(predicted - target); // -1, 0, 1
}

@Override
public RealVector getSampleLossGradient(RealVector predicted,
    RealVector target) {
    return predicted.subtract(target).map(new Signum());
}

// 來個 SparseToSignum 會很好！！！只處理 iterable 的元素
@Override
public RealMatrix getLossGradient(RealMatrix predicted, RealMatrix target) {
    RealMatrix loss = new Array2DRowRealMatrix(predicted.getRowDimension(),
    predicted.getColumnDimension());
    for (int i = 0; i < predicted.getRowDimension(); i++) {
        loss.setRowVector(i, getSampleLossGradient(predicted.getRowVector(i),
        target.getRowVector(i)));
    }
    return loss;
}

}
```

二次損失

計算預測程序誤差的一般形式是將整個資料集的 L1 或 L2 等距離尺度最小化。對特定預測 - 目標對，其二次誤差如下：

$$\mathcal{L}(y, \hat{y}) = \frac{1}{2}(\hat{y} - y)^2$$

樣本損失梯度的元素如下：

$$\frac{\partial \mathcal{L}}{\partial \hat{y}} = (\hat{y} - y)$$

一個二次損失函數的實作如下：

```java
public class QuadraticLossFunction implements LossFunction {

    @Override
    public double getSampleLoss(double predicted, double target) {
        double diff = predicted - target;
        return 0.5 * diff * diff;
    }

    @Override
    public double getSampleLoss(RealVector predicted, RealVector target) {
        double dist = predicted.getDistance(target);
        return 0.5 * dist * dist;
    }

    @Override
    public double getMeanLoss(RealMatrix predicted, RealMatrix target) {
        SummaryStatistics stats = new SummaryStatistics();
        for (int i = 0; i < predicted.getRowDimension(); i++) {
            double dist = getSampleLoss(predicted.getRowVector(i),
                                        target.getRowVector(i));
            stats.addValue(dist);
        }
        return stats.getMean();
    }

    @Override
    public double getSampleLossGradient(double predicted, double target) {
        return predicted - target;
    }

    @Override
    public RealVector getSampleLossGradient(RealVector predicted,
        RealVector target) {
        return predicted.subtract(target);
    }

    @Override
    public RealMatrix getLossGradient(RealMatrix predicted, RealMatrix target) {
        return predicted.subtract(target);
    }
}
```

交叉熵損失

交叉熵很適合分類（例如邏輯遞廻或神經網路）。第三章討論過交叉熵的起源。由於交叉熵顯示兩個樣本間的相似度，它可用於度量已知與預測值之間的一致性。在學習演算法中，我們設 p 等同於已知值 y，q 等同於預測值 $\hat{y}$。我們設損失等於交叉熵 $\mathcal{H}(p, q)$ 使 $L(y, \hat{y}) = \mathcal{H}(p, q)$ 而 $y_{ik} = p_{ik}$ 是目標（標籤）且 $\hat{y}_{ik} = q_{ik}$ 是多類別輸出 K 中每個類別 k 的第 i 個預測值。交叉熵（個別樣本的損失）如下：

$$\mathcal{L}(y, \hat{y}) = -\sum_{k}^{K} y_k \log\left(\hat{y}_k\right)$$

交叉熵與相關損失函數有多種常見形式。

伯努利。在伯努利輸出變量的情況下，已知輸出 y 是二進位的，其中預測機率是 $\hat{y}$，交叉熵損失為：

$$\mathcal{L}(y, \hat{y}) = -\left(y \log\left(\hat{y}\right) + (1 - y) \log\left(1 - \hat{y}\right)\right)$$

樣本損失梯度為：

$$\frac{\partial \mathcal{L}}{\partial \hat{y}} = \frac{\hat{y} - y}{\hat{y}(1 - \hat{y})}$$

下面是伯努利交叉熵損失的實作：

```java
public class CrossEntropyLossFunction implements LossFunction {

    @Override
    public double getSampleLoss(double predicted, double target) {
        return -1.0 * (target * ((predicted>0)?FastMath.log(predicted):0)
            + (1.0 - target)*(predicted<1?FastMath.log(1.0-predicted):0));
    }

    @Override
    public double getSampleLoss(RealVector predicted, RealVector target) {
        double loss = 0.0;
        for (int i = 0; i < predicted.getDimension(); i++) {
            loss += getSampleLoss(predicted.getEntry(i), target.getEntry(i));
        }
        return loss;
    }
```

```
    }

    @Override
    public double getMeanLoss(RealMatrix predicted, RealMatrix target) {
        SummaryStatistics stats = new SummaryStatistics();
        for (int i = 0; i < predicted.getRowDimension(); i++) {
            stats.addValue(getSampleLoss(predicted.getRowVector(i),
            target.getRowVector(i)));
        }
        return stats.getMean();
    }

    @Override
    public double getSampleLossGradient(double predicted, double target) {
        // 請注意，predicted 應該不會等於 0 或 1，否則會有問題
        return (predicted - target) / (predicted * (1 - predicted));
    }

    @Override
    public RealVector getSampleLossGradient(RealVector predicted,
                                            RealVector target) {
        RealVector loss = new ArrayRealVector(predicted.getDimension());
        for (int i = 0; i < predicted.getDimension(); i++) {
            loss.setEntry(i, getSampleLossGradient(predicted.getEntry(i),
            target.getEntry(i)));
        }
        return loss;
    }

    @Override
    public RealMatrix getLossGradient(RealMatrix predicted, RealMatrix target) {
        RealMatrix loss = new Array2DRowRealMatrix(predicted.getRowDimension(),
        predicted.getColumnDimension());
        for (int i = 0; i < predicted.getRowDimension(); i++) {
            loss.setRowVector(i, getSampleLossGradient(predicted.getRowVector(i),
            target.getRowVector(i)));
        }
        return loss;
    }
}
```

此表示式最常用於邏輯輸出函式。

多項。輸出為多類別（$k = 0,1,2 \cdots K - 1$）且透過獨熱編碼轉換成一組二進位輸出時，交叉熵損失是所有可能類別的加總：

$$\mathscr{L}(y, \hat{y}) = -\sum_k y_k \log\left(\hat{y}_k\right)$$

但在獨熱編碼中，只有應該維度具有 $y = 1$，其餘為 $y = 0$（稀疏矩陣）。因此，樣本損失也是稀疏矩陣。理想中，我們可以將其納入考量以簡化計算。

樣本損失梯度如下：

$$\frac{\partial \mathscr{L}}{\partial \hat{y}} = -\frac{y}{\hat{y}}$$

由於損失矩陣大多為零，我們只需計算 $y = 1$ 位置的梯度。這種形式主要用於 softmax 輸出函數：

```java
public class OneHotCrossEntropyLossFunction implements LossFunction {

    @Override
    public double getSampleLoss(double predicted, double target) {
        return predicted > 0 ? -1.0 * target * FastMath.log(predicted) : 0;
    }

    @Override
    public double getSampleLoss(RealVector predicted, RealVector target) {
        double sampleLoss = 0.0;
        for (int i = 0; i < predicted.getDimension(); i++) {
            sampleLoss += getSampleLoss(predicted.getEntry(i),
                                        target.getEntry(i));
        }
        return sampleLoss;
    }

    @Override
    public double getMeanLoss(RealMatrix predicted, RealMatrix target) {
        SummaryStatistics stats = new SummaryStatistics();
        for (int i = 0; i < predicted.getRowDimension(); i++) {
            stats.addValue(getSampleLoss(predicted.getRowVector(i),
            target.getRowVector(i)));
        }
        return stats.getMean();
    }
```

```
    @Override
    public double getSampleLossGradient(double predicted, double target) {
        return -1.0 * target / predicted;
    }

    @Override
    public RealVector getSampleLossGradient(RealVector predicted,
                                            RealVector target) {
        return target.ebeDivide(predicted).mapMultiplyToSelf(-1.0);
    }

    @Override
    public RealMatrix getLossGradient(RealMatrix predicted, RealMatrix target) {
        RealMatrix loss = new Array2DRowRealMatrix(predicted.getRowDimension(),
        predicted.getColumnDimension());
        for (int i = 0; i < predicted.getRowDimension(); i++) {
            loss.setRowVector(i, getSampleLossGradient(predicted.getRowVector(i),
            target.getRowVector(i)));
        }
        return loss;
    }
}
```

二點。輸出是二元但以 −1 與 1 代替 0 與 1 時，我們可以用 $y^* = (y + 1)/2$ 與 $\hat{y}^* = (\hat{y} + 1)/2$ 轉換以使用伯努利運算式：

$$\mathscr{L}(y^*, \hat{y}^*) = \left(\left(\frac{y+1}{2}\right) \log\left(\frac{\hat{y}+1}{2}\right) + \left(\frac{1-y}{2}\right) \log\left(\frac{1-\hat{y}}{2}\right) \right)$$

樣本損失梯度如下：

$$\frac{\partial \mathscr{L}}{\partial \hat{y}} = \frac{\hat{y} - y}{1 - \hat{y}^2}$$

Java 程式碼如下：

```
public class TwoPointCrossEntropyLossFunction implements LossFunction {

    @Override
    public double getSampleLoss(double predicted, double target) {
        // 將 -1:1 比例轉換為 0:1
        double y = 0.5 * (predicted + 1);
        double t = 0.5 * (target + 1);
```

```java
        return -1.0 * (t * ((y>0)?FastMath.log(y):0) +
                (1.0 - t)*(y<1?FastMath.log(1.0-y):0));
    }

    @Override
    public double getSampleLoss(RealVector predicted, RealVector target) {
        double loss = 0.0;
        for (int i = 0; i < predicted.getDimension(); i++) {
            loss += getSampleLoss(predicted.getEntry(i), target.getEntry(i));
        }
        return loss;
    }

    @Override
    public double getMeanLoss(RealMatrix predicted, RealMatrix target) {
        SummaryStatistics stats = new SummaryStatistics();
        for (int i = 0; i < predicted.getRowDimension(); i++) {
            stats.addValue(getSampleLoss(predicted.getRowVector(i),
            target.getRowVector(i)));
        }
        return stats.getMean();
    }

    @Override
    public double getSampleLossGradient(double predicted, double target) {
        return (predicted - target) / (1 - predicted * predicted);
    }

    @Override
    public RealVector getSampleLossGradient(RealVector predicted,
                                            RealVector target) {
        RealVector loss = new ArrayRealVector(predicted.getDimension());
        for (int i = 0; i < predicted.getDimension(); i++) {
            loss.setEntry(i, getSampleLossGradient(predicted.getEntry(i),
            target.getEntry(i)));
        }
        return loss;
    }

    @Override
    public RealMatrix getLossGradient(RealMatrix predicted, RealMatrix target) {
        RealMatrix loss = new Array2DRowRealMatrix(predicted.getRowDimension(),
        predicted.getColumnDimension());
        for (int i = 0; i < predicted.getRowDimension(); i++) {
            loss.setRowVector(i, getSampleLossGradient(predicted.getRowVector(i),
            target.getRowVector(i)));
```

```
        }
        return loss;
    }
}
```

這種損失形式與雙曲正切活化函數相容。

變異數加總最小化

當資料被分成多個群時,我們可以透過變異數來監視群平均位置的分散。由於加入變異數,我們可以定義在 n 個群上的一個度量 s,其中 σ_i^2 是每個群的變異數:

$$s = \sum_{i=1}^{n} \sigma_i^2$$

隨著 s 的減少,表示程序的整體誤差也在減小。這對於 k- 平均演算法等基於找出每個聚類的平均值或中點的聚類技術非常有用。

輪廓係數

在聚類等無監督學習技術中,我們尋找每聚類點的密集程度。輪廓係數是與任何給定聚類內的最小距離與其最近聚類之間的差相關的度量。輪廓係數 s 是每個樣本的所有距離 s_i 的平均值;a 等於樣本與聚類中所有其他點之間的平均距離,b 等於樣本與下一個最近聚類中所有點之間的平均距離:

$$s_i = \frac{b_i - a_i}{max(a_i, b_i)}$$

輪廓分數是所有樣本輪廓係數的平均值:

$$s = \frac{1}{n}\sum_{i}^{n} s_i$$

輪廓分數在 –1 和 1 之間,其中 –1 是不正確的聚類,1 是高度密集的聚類,而 0 表示重疊的聚類。s 隨著聚類密集與平均分散而提高。目標是在監控 s 最大值的程序。請注意,輪廓係數僅為 $2 <= n_{labels} <= n_{samples} - 1$ 定義。其 Java 程式碼如下:

```java
public class SilhouetteCoefficient {

    List<Cluster<DoublePoint>> clusters;
    double coefficient;
    int numClusters;
    int numSamples;

    public SilhouetteCoefficient(List<Cluster<DoublePoint>> clusters) {
        this.clusters = clusters;
        calculateMeanCoefficient();
    }

    private void calculateMeanCoefficient() {
        SummaryStatistics stats = new SummaryStatistics();
        int clusterNumber = 0;
        for (Cluster<DoublePoint> cluster : clusters) {
            for (DoublePoint point : cluster.getPoints()) {
                double s = calculateCoefficientForOnePoint(point, clusterNumber);
                stats.addValue(s);
            }
            clusterNumber++;
        }
        coefficient = stats.getMean();
    }

    private double calculateCoefficientForOnePoint(DoublePoint onePoint,
    int clusterLabel) {

        /* 所有其他點會與這一點比較 */
        RealVector vector = new ArrayRealVector(onePoint.getPoint());
        double a = 0;
        double b = Double.MAX_VALUE;
        int clusterNumber = 0;
        for (Cluster<DoublePoint> cluster : clusters) {
            SummaryStatistics clusterStats = new SummaryStatistics();
            for (DoublePoint otherPoint : cluster.getPoints()) {
                RealVector otherVector =
                    new ArrayRealVector(otherPoint.getPoint());
                double dist = vector.getDistance(otherVector);
                clusterStats.addValue(dist);
            }
            double avgDistance = clusterStats.getMean();
            if(clusterNumber==clusterLabel) {
                /* 我們已經包括了與自身的 0 點距離 */
                /* 且需要從平均值中減去它 */
                double n = new Long(clusterStats.getN()).doubleValue();
```

```
            double correction = n / (n - 1.0);
            a = correction * avgDistance;
        } else {
            b = Math.min(avgDistance, b);
        }
        clusterNumber++;
    }
    return (b-a) / Math.max(a, b);
}
}
```

對數似然

在無監督的學習問題中,每個產出預測都有可能與之相關的機率,我們可以利用對數似然。一個特例就是這一章的高斯聚類範例。對於這種最大期望演算法,多項常態分佈的混合被最佳化以適應資料。每個資料點有一個與之相關的機率密度 p_i,給定覆蓋模型,且對數似然性可以計算為每個點的機率的對數的平均值:

$$\mathscr{L}(\mathbf{p}) - \sum_i \log \left(p_i \right)$$

然後我們可以在所有資料點 $\langle L(\mathbf{p}) \rangle$ 上累積平均對數似然率。在高斯群的例子中,我們可以透過 MultivariateNormalMixtureExpectationMaximization.getLogLikelihood() 方法直接得到這個參數。

分類程序準確度

如何知道分類程序的準確度?一個二元分類架構有四種可能的結果:

1. 真陽(TP)—資料與預測值均為 1

2. 真陰(TN)—資料與預測值均為 0

3. 假陽(FP)—資料為 0 而預測為 1

4. 假陰(FP)—資料為 1 而預測為 0

除了四種可能結果中的每一種的統計數字,我們可以計算分類程序的準確度。

準確度的計算如下：

$$accuracy = \frac{tp + tn}{tp + tn + fp + fn}$$

或者，考慮到分母是資料集 N 中的總行數，其表示式等同於：

$$accuracy = \frac{tp + tn}{N}$$

然後，我們可以計算每個維度的準確度。準確度向量的平均值是分類程序的平均準確度。這也是 Jaccard 分數。

在使用獨熱編碼只要真陽的特殊情況下，每個維度的準確度如下：

$$accuracy = \frac{tp}{N_t}$$

Nt 是該維度的總類別（1）計數。分類程序的準確度分數如下：

$$accuracy = \frac{\sum tp}{N}$$

在此實作中，我們有兩個使用案例。其中一種是獨熱編碼，另一種是二元，其多標籤輸出是獨立的。在這種情況下，我們可以選擇一個區間（介於 0 與 1 之間）來決定這個類別是 1 還是 0。從最基本的意義上說，可以選擇 0.5 的區間，機率低於 0.5 被分類為 0，而大於或等於 0.5 的機率被分類為 1。此類別的使用案例見 "監督式學習" 一節。

```java
public class ClassifierAccuracy {

    RealMatrix predictions;
    RealMatrix targets;
    ProbabilityEncoder probabilityEncoder;
    RealVector classCount;

    public ClassifierAccuracy(RealMatrix predictions, RealMatrix targets) {
        this.predictions = predictions;
        this.targets = targets;
```

```java
        probabilityEncoder = new ProbabilityEncoder();
        // 計算每個維度的二元類別次數
        classCount = new ArrayRealVector(targets.getColumnDimension());
        for (int i = 0; i < targets.getRowDimension(); i++) {
            classCount = classCount.add(targets.getRowVector(i));
        }
    }

    public RealVector getAccuracyPerDimension() {
        RealVector accuracy =
            new ArrayRealVector(predictions.getColumnDimension());
        for (int i = 0; i < predictions.getRowDimension(); i++) {
            RealVector binarized = probabilityEncoder.getOneHot(
                predictions.getRowVector(i));
            // 0*0, 0*1, 1*0 = 0且唯1*1 = 1產生真陽
            RealVector decision = binarized.ebeMultiply(targets.getRowVector(i));
            // 將 TP 計數加入準確度
            accuracy = accuracy.add(decision);
        }
        return accuracy.ebeDivide(classCount);
    }

    public double getAccuracy() {
        // 將 accuracy_per_dim 轉換回計數
        // 然後加總並除以總列數
        return getAccuracyPerDimension().ebeMultiply(classCount).getL1Norm() /
        targets.getRowDimension();
    }

    // 實作 Jaccard 相似度分數
    public RealVector getAccuracyPerDimension(double threshold) {
    // 假設是未關聯的多個輸出
        RealVector accuracy = new ArrayRealVector(targets.getColumnDimension());
        for (int i = 0; i < predictions.getRowDimension(); i++) {
            // 根據區間將列向量二元化
            RealVector binarized = probabilityEncoder.getBinary(
            predictions.getRowVector(i), threshold);
            // 1-0 = 1 與 0-1 = -1 時 0-0 (TN) 與 1-1 (TP) = 0
            RealVector decision = binarized.subtract(
            targets.getRowVector(i)).map(new Abs()).mapMultiply(-1).mapAdd(1);
            // 將 TP 或 TN 計數加入準確度
            accuracy = accuracy.add(decision);
        }
        return accuracy.mapDivide((double) predictions.getRowDimension());
        // 依區間回傳每個維度的準確度
    }
```

```
    public double getAccuracy(double threshold) {
        // 準確度向量的平均值
        return getAccuracyPerDimension(threshold).getL1Norm() /
            targets.getColumnDimension();
    }
}
```

無監督學習

當我們只有獨立變數時，必須在資料中辨識模式而不依賴變數（回應）或標籤的幫助。最常見的無監督技術是聚類。所有聚類的目標是將每個資料點 **X** 分類為一系列 **K** 個集合，$S = S_1, \ldots S_K$，其中組數小於點數。通常，每個點 X_i 只屬於一個子集 S_k。但也可以指定每個點 X_i 屬於所有集合的機率 $p(X_i) = p_1, p_2, \ldots p_K$ 使總和 $= 1$。我們於此探索兩種硬分配，k- 平均值和 DBSCAN 聚類；以及一種軟軟分配，混合高斯。它們在假設、演算法和範圍都大不相同。但結果通常是一樣的：將一個點 **X** 分為一個或多個子集，或聚類。

k- 平均值聚類

k- 平均值是最簡單的聚類形式，使用硬分配為預定數量的聚類找到聚類中心。從選擇 K 的數量開始，且每個矩陣的質心位置 μ_k 由演算法（或隨機）選擇。若一個點 x 的歐幾里得距離（可以是其他的，但通常是 L2）最接近於 μ_k 則它屬於 S_k 集合的群。最小化的目標函數如下：

$$\mathscr{L} = \sum_{k=1}^{K} \sum_{\mathbf{x} \in S_k} \| \mathbf{x} - \mathbf{\mu_k} \|^2$$

然後我們使用下列等式更新質心（群中所有 x 的平均位置）：

$$\mu_k = \frac{1}{N} \sum_{\mathbf{x} \in S_k} \mathbf{x}$$

當 L 不再變化時可以停止，因此質心也不變。我們怎麼知道多少群是最佳的？我們可以記錄所有聚類變異數的和並改變聚類的數量。繪製變異數之和與群數量之間的關係時，理想情況下形狀看起來像曲棍球棒，曲線中有一個尖銳的折點表示最佳數量。

$$\sigma_K^2 = \sum_{k=1}^{K} \frac{1}{N_k - 1} \sum_{\mathbf{x} \in S_k} \| \mathbf{x} - \boldsymbol{\mu}_k \|^2$$

Apache Commons Math 使用的演算法是 k-means++，在隨機挑選起點上做的更好。KMeansPlusPlusClusterer\<T\> 類別的建構元有多個參數，但只有一個是必要的：搜尋群數。被分群的資料必須是 Clusterable 點的 List。DoublePoint 類別是實作 Clusterable 的雙精度陣列的包裝類別。它的建構元使用雙精度陣列。

```
double[][] rawData = ...

List<DoublePoint> data = new ArrayList<>();

for (double[] row : rawData) {
    data.add(new DoublePoint(row));
}

/* 要搜尋的群數量 */
int numClusters = 1;

/* 基本建構元 */
KMeansPlusPlusClusterer<DoublePoint> kmpp =
    new KMeansPlusPlusClusterer<>(numClusters);

/* 執行分群並回傳清單與 numClusters 長度 */
List<CentroidCluster<DoublePoint>> results = kmpp.cluster(data);

/* 迭代 Clusterables 的清單 */
for (CentroidCluster<DoublePoint> result : results) {

    DoublePoint centroid = (DoublePoint) result.getCenter();

    System.out.println(centroid); // DoublePoint 有個 toString() 方法

    /* 我們也可以存取這個群中的所有點 */
    List<DoublePoint> clusterPoints = result.getPoints();

}
```

在 k- 平均值方案中，我們想要迭代 numClusters 的幾個選項，記錄每個群的變異數和。由於加入變異數，這給了我們一個總誤差的度量。理想情況下，要盡量減少這個數字。我們在迭代各種群搜尋時記錄集群變異數：

```
/* 搜尋1至5群 */
for (int i = 1; i < 5; i++) {

    KMeansPlusPlusClusterer<DoublePoint> kmpp = new KMeansPlusPlusClusterer<>(i);
    List<CentroidCluster<DoublePoint>> results = kmpp.cluster(data);

    /* 這是此數量群的變異數和 */
    SumOfClusterVariances<DoublePoint> clusterVar =
    new SumOfClusterVariances<>(new EuclideanDistance());

    for (CentroidCluster<DoublePoint> result : results) {
        DoublePoint centroid = (DoublePoint) result.getCenter());
    }
}
```

改善 k- 平均值的方法之一是嘗試多個起點並採用最佳的結果—即最低誤差。由於起點是隨機的，有時候聚類算法會出錯，甚至處理空群的策略也無法處理。重複嘗試每個聚類並選擇最好的結果是一個好主意。MultiKMeansPlusPlusClusterer<T> 執行相同的聚類操作 numTrials 次且只採用最好的結果。我們可以結合之前的程式：

```
/* 重複群測試10次並採用最佳結果 */
int numTrials = 10;

/* 搜尋1至5群 */
for (int i = 1; i < 5; i++) {

    /* 還是需要建構群實例 */
    KMeansPlusPlusClusterer<DoublePoint> kmpp = new KMeansPlusPlusClusterer<>(i);

    /* ... 並傳給建構元 */
    MultiKMeansPlusPlusClusterer<DoublePoint> multiKMPP =
        new MultiKMeansPlusPlusClusterer<>(kmpp, numTrials);

    /* 請注意，此群在 multiKMPP 而非 kmpp 上 */
    List<CentroidCluster<DoublePoint>> results = multikKMPP.cluster(data);

    /* 這是此群數量的變異數和 */
    SumOfClusterVariances<DoublePoint> clusterVar =
        new SumOfClusterVariances<>(new EuclideanDistance());

    /* sumOfVariance 計算 'i' 個群 */
```

```
    double score = clusterVar.score(results)

    /* '最佳' 質心 */
    for (CentroidCluster<DoublePoint> result : results) {
        DoublePoint centroid = (DoublePoint) result.getCenter());
    }
}
```

DBSCAN

若群有不規則的形狀呢？如果群交錯呢？ DBSCAN（Density-based spatial clustering of applications with noise）演算法適合難以分類的群。它不假定群的數量，而是根據輸入群的數量對本身進行最佳化。唯一的輸入參數是捕捉的最大半徑和每個群的最小點數。其實作如下：

```
/* 建構元需要 eps 與 minpoints */
double eps = 2.0;
int minPts = 3;
DBSCANClusterer clusterer = new DBSCANClusterer(eps, minPts);
List<Cluster<DoublePoint>> results = clusterer.cluster(data);
```

請注意，與前面的 k-means 不同，DBSCAN 不回傳 CentroidCluster 型別，因為不規則群的質心可能沒有意義。相對的，你可以直接存取分群點並使用它們做進一步的處理。但還要注意若此演算法不能找出任何群，則 List<Cluster<t>> 實例會由大小為 0 的空 List 組成：

```
if(results.isEmpty()) {
    System.out.println("No clusters were found");
} else {

    for (Cluster<DoublePoint> result : results) {
        /* 每個群點在這裡 */
        List<DoublePoint> points = result.getPoints();
        System.out.println(points.size());
        // TODO：對每個群中的點進行操作
    }
}
```

此例中，我們建構四個多變量（二維）常態群。值得注意的是其中兩個群非常接近，甚至可以被認為是一個角形群。這顯示了 DBSCAN 算法的取捨。

在這種情況下，我們需要設置足夠小的捕獲半徑（$\epsilon = 0.225$）來允許檢測個別群，但是存在異常值。此處一個更大的半徑（$\epsilon = 0.8$）將把最左邊的兩個群合併成一個，但是幾乎沒有異常值。隨著我們減少 ϵ，為群檢測提供更好的解析度，但是也增加了異常值的可能性。這在群較不可能靠近的更高維度空間中比較不是問題。圖 5-1 顯示一個適合 DBSCAN 演算法的四個高斯群的例子。

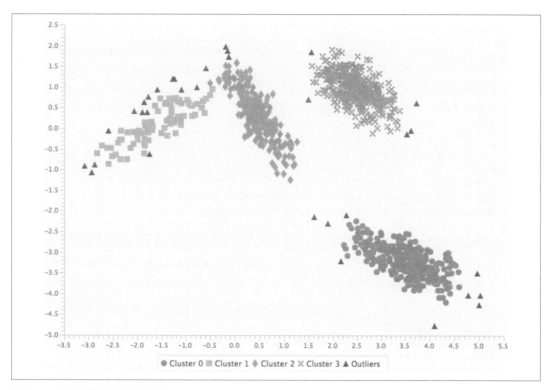

圖 5-1　四個高斯群的 DBSCAN

處理異常值

DBSCAN 演算法非常適合處理異常值。要如何存取它們？不幸的是，目前 Math 的實作不能存取在 DBSCAN 演算法中標示為雜訊的點，但我們可以如下嘗試記錄：

```
/* 我們要記錄異常值 */
// 請注意，需要完全新的清單，不是參考相同物件
// 例如 outliers = data 不是個好主意

// List<DoublePoint> outliers = data; // 會從資料移除資料點
```

```
List<DoublePoint> outliers = new ArrayList<>();

for (DoublePoint dp : data) {
    outliers.add(new DoublePoint(dp.getPoint()));
}
```

然後在迭代所產生的群時，我們可以從完整資料集刪除每個群，剩下就是異常值：

```
for (Cluster<DoublePoint> result : results) {

    /* 所有群的點在這裡 */
    List<DoublePoint> points = result.getPoints();


    /* 刪除像 "outliers" 複製的群點，
       所有群點刪除後
       只會剩下異常值
     */

    outliers.removeAll(points);
}

// 現在 outliers 這個清單只有不存在於任何群的點
```

捕捉半徑與 minPoints 最佳化

捕捉半徑在 2D 很容易檢視，但如何知道多大是最好的？很明顯，這是完全的主觀且視使用案例而定。一般來說，最小點數應該有如下的關係：

$$n_{min} \geq p + 1$$

因此在 2D 的狀況下，每個群至少要三個點。在 k 距離的曲棍球棒曲線的彎曲處可以估計捕捉半徑 ϵ。最小點的數量和捕捉半徑都可以作為一個度量來對照輪廓分數進行網格搜索。首先，找出每個樣本的輪廓係數 s；a 等於樣本與類別中所有其他點之間的平均距離，b 等於樣本與下一個最近類別中所有點之間的平均距離：

$$s = \frac{b - a}{max(a, b)}$$

輪廓分數是所有樣本輪廓係數的平均值。輪廓分數在 −1 和 1 之間：−1 是不正確的聚
類，1 是高密度聚類，0 表示重疊聚類。s 隨著聚類密集與平均分佈而提高。與之前的 k-
平均值相比，我們可以改變 ϵ 值並輸出輪廓分數：

```
double[] epsVals = {0.15, 0.16, 0.17, 0.18, 0.19, 0.20,
                    0.21, 0.22, 0.23, 0.24, 0.25};

for (double epsVal : epsVals) {

    DBSCANClusterer clusterer = new DBSCANClusterer(epsVal, minPts);
    List<Cluster<DoublePoint>> results = clusterer.cluster(dbExam.clusterPoints);

    if(results.isEmpty()) {

        System.out.println("No clusters where found");

    } else {

        SilhouetteCoefficient s = new SilhouetteCoefficient(results);
        System.out.println("eps = " + epsVal +
                        " numClusters = " + results.size() +
                        " s = " + s.getCoefficient());
    }
}
```

這產生下列輸出：

```
eps = 0.15 numClusters = 7 s = 0.54765
eps = 0.16 numClusters = 7 s = 0.53424
eps = 0.17 numClusters = 7 s = 0.53311
eps = 0.18 numClusters = 6 s = 0.68734
eps = 0.19 numClusters = 6 s = 0.68342
eps = 0.20 numClusters = 6 s = 0.67743
eps = 0.21 numClusters = 5 s = 0.68348
eps = 0.22 numClusters = 4 s = 0.70073 // 最佳！！
eps = 0.23 numClusters = 3 s = 0.68861
eps = 0.24 numClusters = 3 s = 0.68766
eps = 0.25 numClusters = 3 s = 0.68571
```

我們在 $\epsilon = 0.22$ 的輪廓分數中看到一個突起，其 $s = 0.7$，這表示理想的 ϵ 大約是 0.22。
在這種特定的情況下，DBSCAN 程序也合併我們模擬的四個集群。在實際情況下，我們
當然不會事先知道群的數目。但這個例子確實表明，如果我們知道聚類的數量，則 s 應
該接近 1 的最大值，因此也就知道正確的 ϵ。

來自 DBSCAN 的推論

DBSCAN 不像 *k-* 平均值演算法一樣用於預測新點的成員關係。它是用於分割資料供進一步操作。若需要基於 DBSCAN 的預測模型,你可以指派類別值給分群過的資料點並嘗試高斯、樸素貝葉斯或其他分類架構。

高斯混合

一種與 DBSCAN 類似的概念是基於點的密度進行分群但使用多元常態分佈 $N(\mu, \Sigma)$,因為它包含平均值和共變異數。位於平均值附近的資料點具有最高的屬於該群的機率,然而由於資料點位於非常遠的位置,機率幾乎沒有下降。

高斯混合模型

高斯混合模型在數學上表示為 *k* 個多元高斯分佈的加權混合(如第三章所述)。

$$f(\mathbf{x}) = \sum_{i=1}^{k} \alpha_i \mathcal{N}(\mathbf{\mu}_i, \Sigma_i)$$

此處的權重滿足 $\sum_i^k \alpha_i = 1$ 關係。我們必須建構一個 Pair 物件的 List,其中 Pair 的第一個成員是權重,第二個成員是分佈本身:

```
List<Pair<Double, MultivariateNormalDistribution>> mixture = new ArrayList<>();

/* 混合分量 1 */
double alphaOne = 0.70;
double[] meansOne = {0.0, 0.0};
double[][] covOne = {{1.0, 0.0},{0.0, 1.0}};
MultivariateNormalDistribution distOne =
    new MultivariateNormalDistribution(meansOne, covOne);
Pair pairOne = new Pair(alphaOne, distOne);
mixture.add(pairOne);

/* 混合分量 2 */
double alphaTwo = 0.30;
double[] meansTwo = {5.0, 5.0};
double[][] covTwo = {{1.0, 0.0},{0.0, 1.0}};
MultivariateNormalDistribution distTwo =
    new MultivariateNormalDistribution(meansTwo, covTwo);
Pair pairTwo = new Pair(alphaTwo, distTwo);
mixture.add(pairTwo);
```

```
/* 將配對的清單加入混合模型並對點取樣 */
MixtureMultivariateNormalDistribution dist =
    new MixtureMultivariateNormalDistribution(mixture);

/* 無需種子，但對產生相同資料有幫助 */
dist.reseedRandomGenerator(0L);

/* 從混合產生 1000 個隨機資料點 */
double[][] data = dist.sample(1000);
```

請注意，取樣自分佈混合模型的資料不會記錄樣本資料點來自什麼分量。換句話說，你無法分辨每個樣本資料點屬於哪一個 MultivariateNormal。若需要這個功能，你可以從個別分佈取樣然後再合併。

對於測試，建構混合模型很繁瑣且容易出錯。若不是從現有的真實資料建構資料集，最好嘗試模擬沒有已知問題的資料。產生隨機混合模型的方法見附錄 A。圖 5-2 顯示一個多變項高斯混合模型。兩個維度上有兩個群。

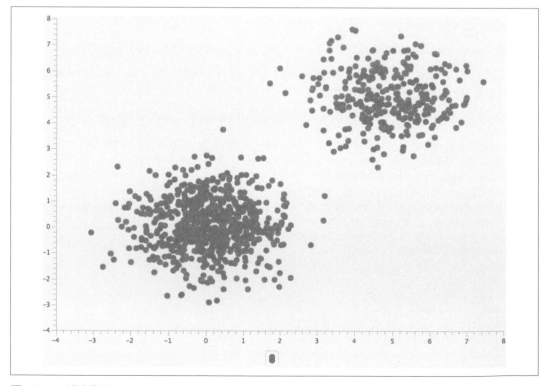

圖 5-2　二維高斯群

資料可由範例程式碼產生：

```
int dimension = 5;
int numClusters = 7;
double boxSize = 10;
long seed = 0L;
int numPoints = 10000;

/* 資料集見附錄 */
MultiNormalMixtureDataset mnd = new MultiNormalMixtureDataset(dimension);
mnd.createRandomMixtureModel(numClusters, boxSize, 0L);
double[][] data = mnd.getSimulatedData(numPoints);
```

調整最大期望演算法

最大期望演算法對很多地方很有用。基本上，我們所選擇的參數是正確的最大似然性是
多少？我們在特定容許範圍內重複直到它們不再改變。我們必須提供混合的初始猜測。
使用前述的方法，可以用已知分量建構混合。但 MultivariateNormalMixtureExpectationM
aximization.estimate(data, numClusters) 靜態方法是用於估計特定資料集的初始點與輸
入群數量：

```
MultivariateNormalMixtureExpectationMaximization mixEM =
    new MultivariateNormalMixtureExpectationMaximization(data);

/* 需要猜測從何處開始 */
MixtureMultivariateNormalDistribution initialMixture =
    MultivariateNormalMixtureExpectationMaximization.estimate(data, numClusters);

/* 執行調整 */
mixEM.fit(initialMixture);

/* 這是調整後的模型 */
MixtureMultivariateNormalDistribution fittedModel = mixEM.getFittedModel();

for (Pair<Double, MultivariateNormalDistribution> pair :
    fittedModel.getComponents()) {
    System.out.println("*********** cluster ****************");
    System.out.println("alpha: " + pair.getFirst());
    System.out.println("means: " + new ArrayRealVector(
        pair.getSecond().getMeans()));
    System.out.println("covar: " + pair.getSecond().getCovariances());
}
```

群數量最佳化

如同 *k*- 平均值聚類，我們想要知道描述資料所需的最佳群數量。但在這種情況下每個資料點屬於具有無限可能的所有群（軟分配）。如何得知群數量足夠了？我們從小數目開始增加（例如 2），計算各個對數似然。要讓事情簡單一點，我們可以繪製損失（負的對數似然），並希望看到它趨近零。實際上不可能，但想法是在損失固定在某種程度時停止。通常，最佳群數量會在曲棍球棒的肘部。

以下是程式碼：

```
MultivariateNormalMixtureExpectationMaximization mixEM =
    new MultivariateNormalMixtureExpectationMaximization(data);

int minNumClusters = 2;
int maxNumClusters = 10;

for(int i = minNumCluster; i <= maxNumClusters; i++) {

    /* 需要猜測從何處開始 */
    MixtureMultivariateNormalDistribution initialMixture =
        MultivariateNormalMixtureExpectationMaximization.estimate(data, i);

    /* 執行調整 */
    mixEM.fit(initialMixture);

    /* 這是調整後的模型 */
    MixtureMultivariateNormalDistribution fittedModel = mixEM.getFittedModel();

    /* 輸出對數似然 */
    System.out.println(i + " ll: " + mixEM.getLogLikelihood());
}
```

輸出如下：

```
2 ll: -6.370643787350135
3 ll: -5.907864928786343
4 ll: -5.5789246749261014
5 ll: -5.366040927493185
6 ll: -5.093391683217386
7 ll: -5.1934910558216165
8 ll: -4.984837507547836
9 ll: -4.9817765145490664
10 ll: -4.981307556011888
```

繪製時，這顯示出在 numClusters 等於 7 處具有折點特徵的曲棍球棒形狀，這是我們模擬的群的數量。請注意，我們可以將對數似然儲存在一個陣列中，並將結果放入一個清單中供後續程式檢索。圖 5-3 顯示對數似然性損失相對於群的數量。請注意，同模擬資料中原始數量七個群周圍的損失急劇的下折。

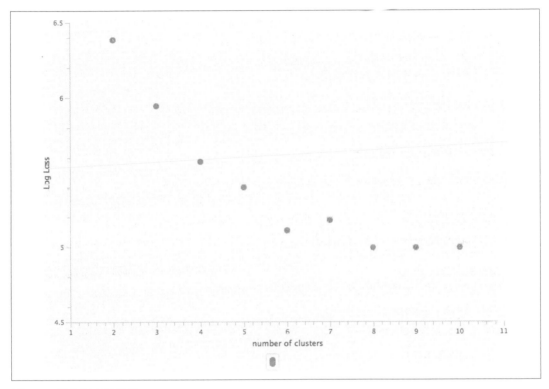

圖 5-3　群數與對數損失

監督式學習

對數值變量 X 與潛在非數值反應 Y，要如何設置數學模型以進行學習與預測？記得線性迴歸模型的 X 與 Y 必須是連續變量（例如實數）。就算 Y 帶有 0 或 1（以及其他整數），線性迴歸很有可能會失敗。

接下來檢視針對搜集數值資料作為變量與相關標籤的常見使用案例設計的方法。大部分的分類架構傾向多維變量 **X** 與一維類別 **Y**。但包括神經網路在內等幾種技術能以類似線性迴歸的多反應模型的方式處理多個輸出類別 **Y**。

樸素貝葉斯

樸素貝葉斯或許是最基本的分類架構且是聚類後的邏輯步驟。記得我們在聚類中的目標是將資料分離或分類成不同的群。然後我們可以分別檢視各群並嘗試從該群學習一些東西，例如中位數、變異數或其他統計值。

在樸素貝葉斯分類架構中，我們將資料依標籤型別分群（類別），然後學習每個群的一些變量。這視變量型別而定。舉例來說，若變量是實數，我們可以假設每個維度（變量）是來自常態分佈的樣本。

對整數資料（計數），可以假設多項式分佈。若資料為二元（0 或 1），我們可以假設為伯努利分佈資料集。在這種方式中，我們可以估計每個只屬於所標示類別的資料集的平均值與變異數等統計量。請注意，它與更複雜的分類架構不同，我們不在任何計算或誤差傳播中使用標籤本身。它們只用於將資料分群。

根據貝葉斯定理（後驗 = 先驗 × 似然 / 證據），聯合機率是先驗 × 似然。在我們的例子中，證據是所有類別的聯合機率之和。對於一組 K 類別，其 $k = \{1, 2 \dots K\}$，給定輸入向量 **x** 的特定類別 k 的機率如下判別：

$$p(k|\mathbf{x}) = \frac{p(k)p(\mathbf{x}|k)}{p(\mathbf{x})}$$

此處的樸素獨立性假設，能讓我們將似然性表示為 n 維變量 **x** 的每個維度的機率的積：

$$p(\mathbf{x}|k) = p(x_1|k)p(x_2|k)\cdots p(x_n|k)$$

更精簡的表示為：

$$p(\mathbf{x}|k) = \prod_{i=1}^{n} p(x_i|k)$$

正規化為所有列舉項的和：

$$p(\mathbf{x}) = \sum_{k=1}^{K} p(k) p(\mathbf{x}|k)$$

任何類別的機率是它出現的次數除以總數：$p(k) = n_k/N$。此處，我們把每個特徵 x_i 上的每個類別 k 的積。$p(x_i|C_K)$ 的形式是我們基於對資料的假設而選擇的機率密度函數。在下面的章節中，我們將探索常態、多項與伯努利分佈。

請注意，若任何一個計算 $p(x_i|k) = 0$，整個表達式將是 $p(k|\mathbf{x}) = 0$。對於一些條件機率模型，如高斯或伯努利分佈，不會出現這種狀況。但對於多項分佈，這可能會發生，所以我們包含一個小因子 α 來避免這種情況。

計算每個類別的後驗概率之後，貝葉斯分類程序就是後驗機率的決策規則，我們把最大的位置作為最可能的類別：

$$\hat{k} = \arg\max_{k \subset \{1, 2, \cdots K\}} p(k|\mathbf{x})$$

我們可以對所有型別使用相同的類別，因為對模型的訓練依靠很容易以每個類別的 MultivariateSummaryStatistics 計算的量的型別。然後我們可以使用策略模式來實作我們所需的任何一種條件機率並直接傳遞給建構元：

```java
public class NaiveBayes {

    Map <Integer, MultivariateSummaryStatistics> statistics;
    ConditionalProbabilityEstimator conditionalProbabilityEstimator;
    int numberOfPoints; // 模型進行訓練的總資料點數

    public NaiveBayes(
        ConditionalProbabilityEstimator conditionalProbabilityEstimator) {
        statistics = new HashMap<>();
        this.conditionalProbabilityEstimator = conditionalProbabilityEstimator;
        numberOfPoints = 0;
    }

    public void learn(RealMatrix input, RealMatrix target) {
        // 若 numTargetCols == 1 則多類別，例如 0, 1, 2, 3
        // 否則獨熱，例如 1000, 0100, 0010, 0001
```

```
        numberOfPoints += input.getRowDimension();
        for (int i = 0; i < input.getRowDimension(); i++) {
            double[] rowData = input.getRow(i);
            int label;
            if (target.getColumnDimension()==1) {
                label = new Double(target.getEntry(i, 0)).intValue();
            } else {
                label = target.getRowVector(i).getMaxIndex();
            }

            if(!statistics.containsKey(label)) {
                statistics.put(label, new MultivariateSummaryStatistics(
                rowData.length, true));
            }
            statistics.get(label).addValue(rowData);
        }
    }

    public RealMatrix predict(RealMatrix input) {

        int numRows = input.getRowDimension();
        int numCols = statistics.size();
        RealMatrix predictions = new Array2DRowRealMatrix(numRows, numCols);

        for (int i = 0; i < numRows; i++) {
            double[] rowData = input.getRow(i);
            double[] probs = new double[numCols];
            double sumProbs = 0;
            for (Map.Entry<Integer, MultivariateSummaryStatistics> entrySet :
            statistics.entrySet()) {

                Integer classNumber = entrySet.getKey();
                MultivariateSummaryStatistics mss = entrySet.getValue();

                /* prob 為類別點數 / 總點數 */
                double prob = new Long(mss.getN()).doubleValue()/numberOfPoints;

                /* 視型別而定 ... 高斯、多項或伯努利 */
                prob *= conditionalProbabilityEstimator.getProbability(mss,
                                                            rowData);

                probs[classNumber] = prob;
                sumProbs += prob;
            }

            /* 對 probs 進行 L1 常態運算 */
```

```
        for (int j = 0; j < numCols; j++) {
            probs[j] /= sumProbs;
        }
        predictions.setRow(i, probs);
    }
    return predictions;
  }
}
```

所需要的是指定條件機率形式的界面：

```
public interface ConditionalProbabilityEstimator {
    public double getProbability(MultivariateSummaryStatistics mss,
                                 double[] features);
}
```

下面二小節討論二種實作 NaiveBayes 類別使用的 ConditionalProbabilityEstimator 界面的樸素貝葉斯分類程序。

高斯

若特徵是連續變量，我們可以使用高斯樸素貝葉斯分類程序：

$$p(\mathbf{x}\,|\,k) = \prod_{i=1}^{n} \frac{1}{\sqrt{2\pi}\sigma_{ki}}\, \exp\left(-\frac{(x_i - \mu_{ki})^2}{2\sigma_{ki}^2}\right)$$

然後如下實作類別：

```
import org.apache.commons.math3.distribution.NormalDistribution;
import org.apache.commons.math3.stat.descriptive.MultivariateSummaryStatistics;

public class GaussianConditionalProbabilityEstimator
implements ConditionalProbabilityEstimator{

    @Override
    public double getProbability(MultivariateSummaryStatistics mss,
                                 double[] features) {
        double[] means = mss.getMean();
        double[] stds = mss.getStandardDeviation();
        double prob = 1.0;
        for (int i = 0; i < features.length; i++) {
            prob *= new NormalDistribution(means[i], stds[i])
                .density(features[i]);
```

```
        }
        return prob;
    }

}
```

其測試如下：

```
double[][] features = {{6, 180, 12},{5.92, 190, 11}, {5.58, 170, 12},
                       {5.92, 165, 10}, {5, 100, 6}, {5.5, 150, 8},
                       {5.42, 130, 7}, {5.75, 150, 9}};
String[] labels = {"male", "male", "male", "male",
                   "female", "female", "female", "female"};
NaiveBayes nb = new NaiveBayes(new GaussianConditionalProbabilityEstimator());
nb.train(features, labels);

double[] test = {6, 130, 8};
String inference = nb.inference(test); // "female"
```

這會產生正確的結果：`female`。

多項

特徵是整數值—例如計數。但 TFIDF 等連續特徵也行。觀察類別 k 的特徵向量 $\mathbf{x}$ 的似然如下：

$$p(\mathbf{x}|k) = \frac{(\sum_{i=1}^{n} x_i)!}{\prod_{i=1}^{n} x_i!} \prod_{i=1}^{n} p_{ki}^{x_i}$$

我們注意到項的前面部分只取決於輸入向量 $\mathbf{x}$，因此對於每個 $p(\mathbf{x}|k) = 0$ 的計算都是等價的。幸運的是，這個計算強度項將在 $p(k|\mathbf{x}) = 0$ 的最終正規化表達式中捨去，從而讓我們使用更簡單的表示式：

$$p(\mathbf{x}|k) = \prod_{i=1}^{n} p_{ki}^{x_i}$$

我們可以很容易地計算所需的概率 $p_{ki} = N_{ik}/N_k$，其中 N_ik 是給定類別 k 的每個特徵值的總和，且 N_k 是給定類別 k 的所有特徵的總計數。估計條件機率時，任何零將抵消整個計算。因此，以一個小的加法因子 α 來估計概率是有用的一稱為將 α 普遍化的 Lidstone 平滑與 $\alpha = 1$ 的 Laplace 平滑。由於此分子的 L1 正規化結果，因子 n 只是特徵向量的維度。

$$p_{ki} = \frac{N_{ik} + \alpha}{N_k + \alpha n}$$

最終表示式如下：

$$p(\mathbf{x}|k) = \prod_{i=1}^{n} \left(\frac{N_{ik} + \alpha}{N_k + \alpha n} \right)^{x_i}$$

對於大的 x_i（例如大量的詞彙），這個問題可能變得難以處理。我們可以透過使用 $z = \exp(\ln(z))$ 關係來解決對數空間中的問題並將其轉換回來。前面的表達式可以寫成如下形式：

$$p(\mathbf{x}|k) = \exp \left(\sum_{i=1}^{n} x_i \ln \left(\frac{N_{ik} + \alpha}{N_k + \alpha n} \right) \right)$$

在這個策略實作中，平滑係數是在建構元中指定的。請注意，使用對數實作來避免數值的不穩定。最好加入一個斷言（在建構元中）使平滑常數 alpha 保持 $0 > \alpha \geq 1$ 關係：

```
public class MultinomialConditionalProbabilityEstimator
        implements ConditionalProbabilityEstimator {

    private double alpha;

    public MultinomialConditionalProbabilityEstimator(double alpha) {
        this.alpha = alpha; // Lidstone 平滑 0 > alpha > 1
    }

    public MultinomialConditionalProbabilityEstimator() {
        this(1); // Laplace 平滑
    }

    @Override
```

```
    public double getProbability(MultivariateSummaryStatistics mss,
                                  double[] features) {
        int n = features.length;
        double prob = 0;
        double[] sum = mss.getSum(); // 此類別的 x_i 和的陣列
        double total = 0.0; // 所有特徵的加總計數
        for (int i = 0; i < n; i++) {
            total += sum[i];
        }
        for (int i = 0; i < n; i++) {
            prob += features[i] * Math.log((sum[i] + alpha) /(total+alpha*n));
        }
        return Math.exp(prob);
    }

}
```

伯努利

特徵是二元值一例如住房狀態。每個特徵的機率是該欄的平均值。對於輸入特徵,我們可以計算其機率:

$$p(\mathbf{x}|k) = \prod_{i=1}^{n} \left(p_{ki}x_i + (1 - p_{ki})(1 - x_i) \right)$$

換句話說,若輸入特徵是個 1,則該特徵的機率是該欄的平均值。若輸入特徵是 0,則該特徵的機率是 1 – 該欄的平均值。我們如下實作伯努利條件機率:

```
    public class BernoulliConditionalProbabilityEstimator
        implements ConditionalProbabilityEstimator {

        @Override
        public double getProbability(MultivariateSummaryStatistics mss,
                                      double[] features) {
            int n = features.length;
            double[] means = mss.getMean();
            // 這實際上是每個特徵的機率,即計數 / 加總
            double prob = 1.0;
            for (int i = 0; i < n; i++) {
                // 若 x_i = 1 則 p,若 x_i = 0 則 1-p,但此處的 x_i 是雙精度
                prob *= (features[i] > 0.0) ? means[i] : 1-means[i];
            }
            return prob;
```

```
        }
    }
```

Iris 範例

嘗試對 Iris 資料集使用高斯條件機率評估程序：

```
Iris iris = new Iris();
MatrixResampler mr = new MatrixResampler(iris.getFeatures(), iris.getLabels());
mr.calculateTestTrainSplit(0.4, 0L);

NaiveBayes nb = new NaiveBayes(new GaussianConditionalProbabilityEstimator());
nb.learn(mr.getTrainingFeatures(), mr.getTrainingLabels());

RealMatrix predictions = nb.predict(mr.getTestingFeatures());

ClassifierAccuracy acc = new ClassifierAccuracy(predictions,
                                                mr.getTestingLabels());
System.out.println(acc.getAccuracyPerDimension()); // {1; 1; 0.9642857143}
System.out.println(acc.getAccuracy()); // 0.9833333333333333
```

線性模型

如果旋轉、轉譯與縮放資料集 **X**，我們可以透過對應一個函數將它與輸出 **Y** 關聯嗎？一般來說，這都是嘗試解決輸入矩陣 **X** 是資料的問題，而 **W** 和 **b** 是我們想要最佳化的自由參數。使用第二章中開發的記號法，對於加權輸入矩陣和截距 $\mathbf{Z} = \mathbf{XW} + \mathbf{hb}^T$，我們將函數 $\varphi(\mathbf{Z})$ 應用於 **Z** 的每個元素以計算預測矩陣 $\widehat{\mathbf{Y}}$，使：

$$\widehat{\mathbf{Y}} = \varphi\left(\mathbf{XW} + \mathbf{hb}^T\right)$$

我們可以將一個線性模型視為一個具有輸入 **X** 和預測輸出 $\widehat{\mathbf{Y}}$ 的盒子。在最佳化自由參數 **W** 和 **b** 時，輸出的誤差可以透過盒子發回，根據所選演算法提供增量更新。值得注意的是，我們甚至可以將誤差傳遞回輸入，計算輸入上的誤差。對於線性模型，這不是必須的，但正如我們將在 "深度網絡" 一節中看到的，這對於反向傳播演算法是不可少的。圖 5-4 顯示一個廣義線性模型。

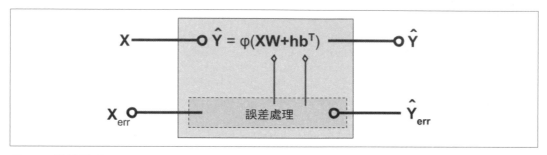

圖 5-4　線性模型

然後我們可以實作一個只負責保存輸出函式型別、自由參數狀態與更新參數方法的 LinearModel 類別：

```java
public class LinearModel {

    private RealMatrix weight;
    private RealVector bias;
    private final OutputFunction outputFunction;

    public LinearModel(int inputDimension, int outputDimension,
    OutputFunction outputFunction) {
        weight = MatrixOperations.getUniformRandomMatrix(inputDimension,
        outputDimension, 0L);
        bias = MatrixOperations.getUniformRandomVector(outputDimension, 0L);
        this.outputFunction = outputFunction;
    }

    public RealMatrix getOutput(RealMatrix input) {
        return outputFunction.getOutput(input, weight, bias);
    }

    public void addUpdateToWeight(RealMatrix weightUpdate) {
        weight = weight.add(weightUpdate);
    }

    public void addUpdateToBias(RealVector biasUpdate) {
        bias = bias.add(biasUpdate);
    }
}
```

下面是輸出函式的界面：

```
public interface OutputFunction {
    RealMatrix getOutput(RealMatrix input, RealMatrix weight, RealVector bias);
    RealMatrix getDelta(RealMatrix error, RealMatrix output);
}
```

在大部分情況下，我們永遠無法精確地確定 $\mathbf{W}$ 和 $\mathbf{b}$ 使 $\mathbf{X}$ 和 $\mathbf{Y}$ 之間的關係是精確的。我們所能做的最好的方法就是估計 $\mathbf{Y}$，稱之為 $\hat{\mathbf{Y}}$，然後繼續最小化我們選擇的損失函數 $\mathscr{L}(\mathbf{y}, \hat{\mathbf{y}})$。然後目標是根據以下內容在一組迭代（標註為 t）上逐步更新 $\mathbf{W}$ 和 $\mathbf{b}$ 的值：

$$\mathbf{W}_{t+1} = \mathbf{W}_t + \Delta\mathbf{W}_t$$

$$\mathbf{b}_{t+1} = \mathbf{b}_t + \Delta\mathbf{b}_t$$

這一節重點介紹使用梯度下降算法來確定 $\mathbf{W}$ 和 $\mathbf{b}$ 的值。記得損失函數最終是 $\mathbf{W}$ 和 $\mathbf{b}$ 的函數，我們可以使用梯度下降最佳化程序以損失的梯度進行增量更新：

$$\mathbf{W}_{t+1} = \mathbf{W}_t - \eta\nabla\mathscr{L}(\mathbf{W})_t$$

$$\mathbf{b}_{t+1} = \mathbf{b}_t - \eta\nabla\mathscr{L}(\mathbf{b})_t$$

要最佳化的目標函數是平均損失 $\langle\mathscr{L}(\mathbf{y}, \hat{\mathbf{y}})\rangle$，其中關於參數 $w_{i}j$ 和 b_j 的任何特定項的梯度可如下表示：

$$\frac{\partial\mathscr{L}}{\partial w} = \frac{\partial\mathscr{L}}{\partial\hat{y}}\frac{\partial\hat{y}}{\partial z}\frac{\partial z}{\partial w}$$

第一項是損失函數的導數，我們在前面的章節中已經介紹過。該項的第二部分是輸出函數的導數：

$$\frac{\partial\hat{y}}{\partial z} = \varphi'(z)$$

第三項只是關於 w 或 b 的 z 的導數：

$$\frac{\partial z}{\partial w} = x$$

$$\frac{\partial z}{\partial b} = 1$$

如我們將見到的，選擇適當的損失函數和輸出函數配對將導向產生數學上的簡化的差距規則。在這種情況下，權重和偏差的更新始終如下：

$$\Delta \mathbf{W} = -\eta \mathbf{X}^T (\mathbf{Y} - \mathbf{T})$$

$$\Delta \mathbf{b} = -\eta \mathbf{h}^T (\mathbf{Y} - \mathbf{T})$$

當平均損失 $\langle \mathcal{L}(y, \hat{y}) \rangle$ 在一定的數值公差（例如 10E－6）內停止變化時，程序可以停止，並且我們假定 $\mathbf{W}$ 和 $\mathbf{b}$ 處於它們的最佳值。但迭代演算法由於數值異常而容易無限迭代。因此，所有迭代求解程序將設置最大迭代次數（例如，1000 次），之後該將終止該程序。持續檢查是否達到最大迭代次數是好的做法，因為損失的變化可能仍然很高，這表示尚未達到自由參數的最佳值。變換函數 $\varphi(\mathbf{Z})$ 和損失函數 $L(\hat{\mathbf{Y}}, \mathbf{Y})$ 的形式將取決於目前的問題。下面詳細介紹幾種常見的情況。

線性

在線性迴歸的情況下，$\varphi(\mathbf{Z})$ 設為恆等函數，其輸出等於輸入：

$$\varphi(\mathbf{Z}) = \mathbf{Z}$$

這提供了熟悉的線性迴歸模型形式：

$$\hat{\mathbf{Y}} = \mathbf{X}\mathbf{W} + \mathbf{h}\mathbf{b}^T$$

我們在第二章和第三章中用不同的方法解決了這個問題。在第二章的情況下，我們用矩陣符號解決問題，然後使用反向求解程序來解自由參數，而在第三章中，我們採用了最小平方法。但還有更多解決方法！例如脊迴歸、LASSO 迴歸、彈性網等。這個想法是透過在最佳化過程中懲罰無用參數來排除該變量：

```
public class LinearOutputFunction implements OutputFunction {

    @Override
    public RealMatrix getOutput(RealMatrix input, RealMatrix weight,
    RealVector bias) {
        return MatrixOperations.XWplusB(input, weight, bias);
    }

    @Override
    public RealMatrix getDelta(RealMatrix errorGradient, RealMatrix output) {
        // 輸出梯度皆為 1..，因此只回傳 errorGradient
        return errorGradient;
    }

}
```

邏輯

解決 y 是 0 或 1 的問題，也可以是多維的，如 y = 0,1,1,0,1。非線性函數 $\varphi(z) = \dfrac{1}{1 + \exp(-z)}$ 對梯度下降，我們需要該函數的導數：

$$\varphi'(z) = \frac{\exp(-z)}{(1 + \exp(-z))^2}$$

導數也可以用原始函數來表示。這很有用，因為它能讓我們重複使用 φ 的計算值，而不必重新計算所有高成本的矩陣代數：

$$\varphi'(z) = \varphi(z)(1 - \varphi(z))$$

在梯度下降的狀況下，我們可以如下實作：

```
public class LogisticOutputFunction implements OutputFunction {

    @Override
```

```java
public RealMatrix getOutput(RealMatrix input, RealMatrix weight,
RealVector bias) {
    return MatrixOperations.XWplusB(input, weight, bias, new Sigmoid());
}

@Override
public RealMatrix getDelta(RealMatrix errorGradient, RealMatrix output) {

    // 這永久的改變輸出
    output.walkInOptimizedOrder(new UnivariateFunctionMapper(
    new LogisticGradient()));

    // 現在 output 是輸出梯度
    return MatrixOperations.ebeMultiply(errorGradient, output);
}

private class LogisticGradient implements UnivariateFunction {

    @Override
    public double value(double x) {
        return x * (1 - x);
    }
}
}
```

使用交叉熵損失函數來計算損失項時，請注意，$\hat{y} = \varphi(z)$ 使：

$$\frac{\partial \mathcal{L}}{\partial \hat{y}} \frac{\partial \hat{y}}{\partial z} = \frac{\hat{y} - y}{\hat{y}(1 - \hat{y})} \hat{y}(1 - \hat{y})$$

因此簡化為：

$$\frac{\partial \mathcal{L}}{\partial z} = \hat{y} - y$$

考慮到

$$\frac{\partial z}{\partial w} = x$$

損失相對於權重的梯度如下：

$$\frac{\partial \mathcal{L}}{\partial w} = (\hat{y} - y)x$$

我們可以引入學習率 η 來減緩更新過程。適用於資料矩陣的最終算式如下：

$$\Delta\mathbf{W} = -\eta\mathbf{X}^T(\mathbf{Y} - \mathbf{T})$$

$$\Delta\mathbf{b} = -\eta\mathbf{h}^T(\mathbf{Y} - \mathbf{T})$$

此處的 **h** 是 1 的 m 維向量。請注意，學習率 η 的引用，通常取值在 0.0001 和 1 之間並限制參數收斂的速度。對於小的 η 值，我們更有可能找到權值的正確值，但代價是執行更多耗時的迭代。對較大的 η 值，我們將更快地完成演算法學習任務。但可能會在無意中跳過最好的解決方案，為權重提供無意義的值。

Softmax

Softmax 類似於邏輯回歸，但目標變量可以是多項式（0 到 numClasses − 1 之間的整數）。然後用獨熱編碼來轉換輸出，使 **Y** = {0,0,1,0}。請注意，與多輸出邏輯廻歸不同，每列只有一個位置可以設為 1，而其他位置必須為 0。變換後的矩陣的每個元素取冪，然後對列做 L1 正規化：

$$\varphi(z_{ij}) = \frac{\exp(z_{ij})}{\Sigma_j \exp(z_{ij})}$$

由於導數涉及多個變量，所以用雅可比取代梯度：

$$\varphi'(z) = \begin{cases} \varphi_i(z)(1 - \varphi_i(z)) & \text{for } i = j \\ -\varphi_i(z)\varphi_j(z) & \text{for } i \neq j \end{cases}$$

然後可以對單一 p 維輸出與預測計算量：

$$\frac{\partial \mathcal{L}}{\partial \hat{\mathbf{y}}} \frac{\partial \hat{\mathbf{y}}}{\partial z} = \begin{pmatrix} \frac{-y_1}{\hat{y}_1} & \frac{-y_2}{\hat{y}_2} & \cdots & \frac{-y_p}{\hat{y}_p} \end{pmatrix} \begin{pmatrix} \hat{y}_1(1-\hat{y}_1) & -\hat{y}_1\hat{y}_2 & \cdots & -\hat{y}_1\hat{y}_p \\ -\hat{y}_2\hat{y}_1 & \hat{y}_2(1-\hat{y}_2) & \cdots & -\hat{y}_2\hat{y}_p \\ \vdots & \vdots & \ddots & \vdots \\ -\hat{y}_p\hat{y}_1 & -\hat{y}_p\hat{y}_2 & \cdots & \hat{y}_p(1-\hat{y}_p) \end{pmatrix}$$

簡化為：

$$\frac{\partial \mathcal{L}}{\partial z} = \left((\hat{y}_1 - y_1) \ (\hat{y}_2 - y_2) \cdots (\hat{y}_p - y_p) \right)$$

每個項有與其他梯度下降線性模型一樣的規則：

$$\frac{\partial \mathcal{L}}{\partial w} = (\hat{y} - y)x$$

實務上它需要兩輪輸入來計算 softmax 輸出。首先我們使用指數函數提出每個參數，記錄加總。然後我們再次迭代該清單，將每個項除以加總。若（且唯若）使用 softmax 交叉熵作為誤差，則係數的更新公式與邏輯迴歸的公式相同。我們將在 "深度網路" 中顯示此計算。

```java
public class SoftmaxOutputFunction implements OutputFunction {

    @Override
    public RealMatrix getOutput(RealMatrix input, RealMatrix weight,
                                RealVector bias) {
        RealMatrix output = MatrixOperations.XWplusB(input, weight, bias,
            new Exp());
        MatrixScaler.l1(output);
        return output;
    }

    @Override
    public RealMatrix getDelta(RealMatrix error, RealMatrix output) {

        RealMatrix delta = new BlockRealMatrix(error.getRowDimension(),
        error.getColumnDimension());
```

```
            for (int i = 0; i < output.getRowDimension(); i++) {
                delta.setRowVector(i, getJacobian(output.getRowVector(i)).
                preMultiply(error.getRowVector(i)));
            }

            return delta;
        }

        private RealMatrix getJacobian(RealVector output) {

            int numRows = output.getDimension();
            int numCols = output.getDimension();
            RealMatrix jacobian = new BlockRealMatrix(numRows, numCols);
            for (int i = 0; i < numRows; i++) {
                double output_i = output.getEntry(i);
                for (int j = i; j < numCols; j++) {
                    double output_j = output.getEntry(j);
                    if(i==j) {
                        jacobian.setEntry(i, i, output_i*(1-output_i));
                    } else {
                        jacobian.setEntry(i, j, -1.0 * output_i * output_j);
                        jacobian.setEntry(j, i, -1.0 * output_j * output_i);
                    }
                }
            }
            return jacobian;
        }
    }
```

雙曲函數

另一種常見的活化函數使用下列形式的雙曲正切 tanh (z) 函數：

$$\varphi(z) = \tanh(z)$$

$$\varphi'(z) = 1 - \tanh^2(z) = 1 - \varphi(z)^2$$

同樣的，導數 $\varphi'(z)$ 重複使用計算自 $\varphi(z)$ 的值：

```
    public class TanhOutputFunction implements OutputFunction {

        @Override
```

```java
public RealMatrix getOutput(RealMatrix input, RealMatrix weight,
                            RealVector bias) {
    return MatrixOperations.XWplusB(input, weight, bias, new Tanh());
}

@Override
public RealMatrix getDelta(RealMatrix errorGradient, RealMatrix output) {
    // 這永久的改變輸出
    output.walkInOptimizedOrder(
        new UnivariateFunctionMapper(new TanhGradient()));

    // 現在 output 是輸出梯度
    return MatrixOperations.ebeMultiply(errorGradient, output);
}

private class TanhGradient implements UnivariateFunction {
    @Override
    public double value(double x) {
        return (1 - x * x);
    }
}
}
```

線性模型估計程序

我們可以使用梯度下降演算法和適當的損失函數，建立一個簡單的線性估計程序，使用差距規則迭代地更新參數。

這只在使用正確的輸出函數與損失函式配對時適用，如表 5-1 所示。

表 5-1　差距規則配對

輸出函數	損失函數
線性	二次函數
邏輯	伯努利交差熵
Softmax	多項式交差熵
雙曲函數	二點交差熵

然後可以擴充 IterativeLearningProcess 類別，並加入輸出函數預測與更新的程式碼：

```java
public class LinearModelEstimator extends IterativeLearningProcess {

    private final LinearModel linearModel;
    private final Optimizer optimizer;
```

```java
    public LinearModelEstimator(
            LinearModel linearModel,
            LossFunction lossFunction,
            Optimizer optimizer) {
        super(lossFunction);
        this.linearModel = linearModel;
        this.optimizer = optimizer;
    }

    @Override
    public RealMatrix predict(RealMatrix input) {
        return linearModel.getOutput(input);
    }

    @Override
    protected void update(RealMatrix input, RealMatrix target,
                          RealMatrix output) {
        RealMatrix weightGradient =
            input.transpose().multiply(output.subtract(target));
        RealMatrix weightUpdate = optimizer.getWeightUpdate(weightGradient);
        linearModel.addUpdateToWeight(weightUpdate);

        RealVector h = new ArrayRealVector(input.getRowDimension(), 1.0);
        RealVector biasGradient = output.subtract(target).preMultiply(h);
        RealVector biasUpdate = optimizer.getBiasUpdate(biasGradient);
        linearModel.addUpdateToBias(biasUpdate);

    }

    public LinearModel getLinearModel() {
        return linearModel;
    }

    public Optimizer getOptimizer() {
        return optimizer;
    }
}
```

Iris 範例

Iris 資料集是探索線性分類程序很好的範例：

```java
/* 取得資料並分割成訓練 / 測試集 */
Iris iris = new Iris();
MatrixResampler resampler = new MatrixResampler(iris.getFeatures(),
```

```
iris.getLabels());
resampler.calculateTestTrainSplit(0.40, 0L);

/* 設定線性估計程序 */
LinearModelEstimator estimator = new LinearModelEstimator(
    new LinearModel(4, 3, new SoftmaxOutputFunction()),
    new SoftMaxCrossEntropyLossFunction(),
    new DeltaRule(0.001));

estimator.setBatchSize(0);
estimator.setMaxIterations(6000);
estimator.setTolerance(10E-6);

/* 學習模型參數 */
estimator.learn(resampler.getTrainingFeatures(), resampler.getTrainingLabels());

/* 對測試資料預測 */
RealMatrix prediction = estimator.predict(resampler.getTestingFeatures());

/* 結果 */
ClassifierAccuracy accuracy = new ClassifierAccuracy(prediction,
 resampler.getTestingLabels());

estimator.isConverged();          // true
estimator.getNumIterations();     // 3094
estimator.getLoss();              // 0.0769
accuracy.getAccuracy();           // 0.983
accuracy.getAccuracyPerDimension(); // {1.0, 0.92, 1.0}
```

深度網路

將線性模型的輸出餵給另一個線性模型建構出一個能夠建立複雜行為模型的非線性系統。具有多個層次的系統稱為深度網路。線性模型具有一個輸入與輸出,而深度網路在輸入與輸出間加入多個"隱藏"層。大多數深度網路的解釋將輸入、隱藏與輸出層視為不同的量,但本書採用另一種觀點,而視深度網路只是線性模型的組合。我們可以將深度網路單純視為線性代數問題。圖 5-5 顯示如何將多層神經網路視為線性模型鏈。

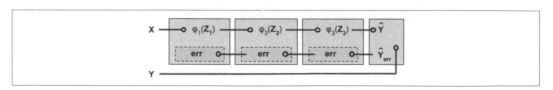

圖 5-5　深度網路

網路層

我們可以將一個線性模型的概念擴充成必須保存輸入、輸出與誤差的一個網路層。然後網路層的程式是 LinearModel 類別的一個擴充：

```java
public class NetworkLayer extends LinearModel {

    RealMatrix input;
    RealMatrix inputError;
    RealMatrix output;
    RealMatrix outputError;
    Optimizer optimizer;

    public NetworkLayer(int inputDimension, int outputDimension,
            OutputFunction outputFunction, Optimizer optimizer) {
        super(inputDimension, outputDimension, outputFunction);
        this.optimizer = optimizer;
    }

    public void update() {

        // 回傳誤差
        /* D = eps o f'(XW)，o 是 Hadamard 積
        或 J f'(XW)，J 是 Jacobian */
        RealMatrix deltas = getOutputFunction().getDelta(outputError, output);

        /* E_out = D W^T */
        inputError = deltas.multiply(getWeight().transpose());

        /* W = W - alpha * delta * input */
        RealMatrix weightGradient = input.transpose().multiply(deltas);

        /* w_{t+1} = w_{t} + \delta w_{t} */
        addUpdateToWeight(optimizer.getWeightUpdate(weightGradient));

        // 這基本上是差距欄的加總且該向量為 grad_b
        RealVector h = new ArrayRealVector(input.getRowDimension(), 1.0);
        RealVector biasGradient = deltas.preMultiply(h);
        addUpdateToBias(optimizer.getBiasUpdate(biasGradient));
    }
}
```

向前傳遞

要計算網路輸出，我們必須經網路的每個層向前傳遞輸入。網路輸入 $\mathbf{X}_1$ 用於計算第一層的輸出：

$$\widehat{\mathbf{Y}}_1 = \varphi\left(\mathbf{X}_1\mathbf{W}_1 + \mathbf{hb}_1^T\right)$$

我們設定第一層輸出給第二層輸入：

$$\mathbf{X}_2 = \widehat{\mathbf{Y}}_1$$

第二層的輸出如下：

$$\widehat{\mathbf{Y}}_2 = \varphi\left(\mathbf{X}_2\mathbf{W}_2 + \mathbf{hb}_2^T\right) = \varphi\left(\widehat{\mathbf{Y}}_1\mathbf{W}_2 + \mathbf{hb}_2^T\right)$$

一般來說，第一層後每個層 l 的輸出以前一層輸出表示：

$$\widehat{\mathbf{Y}}_l = \varphi\left(\left(\widehat{\mathbf{Y}}_{l-1}\mathbf{W}_l\right) + \mathbf{hb}_l^T\right)$$

L 層的向前傳遞程序表示為一系列套疊的線性模型：

$$\widehat{\mathbf{Y}}_L = \varphi_L\left(\cdots\varphi_2\left(\varphi_1\left(\mathbf{X}_1\mathbf{W}_1 + \mathbf{hb}_1^T\right)\mathbf{W}_2 + \mathbf{hb}_2^T\right)\cdots\mathbf{W}_L + \mathbf{hb}_L^T\right)$$

撰寫此表示式的另一種更簡單的方式是函數的組合：

$$\widehat{\mathbf{Y}}_L = \varphi_L \circ \cdots \circ \varphi_2 \circ \varphi_1(\mathbf{Z})$$

除了獨特的權重，每個層取用不同形式的活化函數。在這種方式下，向前傳遞的深度神經網路（又稱為多層感知器）很明顯的只是個任意線性模型的組合。但結果是相當複雜的非線性模型。

向後傳遞

此時必須向後傳遞網路輸出誤差。對最後一層（輸出層），我們向後傳遞損失梯度 $\nabla\mathcal{L}(\mathbf{Y}, \widehat{\mathbf{Y}})$。對於相容的損失函數輸出函數對，這與線性模型估計程序相同。如 "梯度下降最佳化程序" 一節所述，然後定義層差距 $\mathbf{D}$ 這樣新的量是方便的，它是 $\mathbf{Y}_{err}$ 與輸出函數 Jacobians 的張量的矩陣乘法：

$$\mathbf{D} = \widehat{\mathbf{Y}}_{err}\mathbf{J}_\varphi^{(m)}$$

在大部分情況下，輸出函數的梯度就足夠且前面的表示式可以如下簡化：

$$\mathbf{D} = \widehat{\mathbf{Y}}_{err} \circ \varphi'(\mathbf{Z})$$

我們儲存 $\mathbf{D}$ 因為它用於兩個必須依序計算的地方。向後傳遞的誤差先更新：

$$\mathbf{X}_{err} = \mathbf{D}\mathbf{W}^T$$

然後權重與偏差梯度如下計算，$\mathbf{h}$ 是 m 長度的 1 向量：

$$\nabla\mathbf{W} = \mathbf{X}^T\mathbf{D}$$

請注意，表達式 $\mathbf{h}^T\mathbf{D}$ 相當於 $\mathbf{D}$ 的每一欄的加總。然後可以使用所選最佳化規則（通常是某種梯度下降的變形）更新層權重。如此就完成了網路層所需的所有計算！然後將下一層的 $\mathbf{Y}_{err}$ 設為新計算出的 $\mathbf{X}_{err}$ 並重複此程序直到更新第一層的參數。

 要確保在更新權重前計算向前傳遞誤差！

深度網路估計程序

學習深度網路的參數是以線性模型的相同迭代程序完成。在這種狀況下，整個向前傳遞的程序如同一個預測步驟且向後傳遞程序如同一個更新步驟。我們以擴充 IterativeLearningProcess 並建構線性模型子類別層 NetworkLayers 來實作深度網路估計程序：

```java
public class DeepNetwork extends IterativeLearningProcess {

    private final List<NetworkLayer> layers;

    public DeepNetwork() {
        this.layers = new ArrayList<>();
    }

    public void addLayer(NetworkLayer networkLayer) {
        layers.add(networkLayer);
    }

    @Override
    public RealMatrix predict(RealMatrix input) {

        /* 初始輸入必須深複製或覆寫 */
        RealMatrix layerInput = input.copy();

        for (NetworkLayer layer : layers) {
            layer.setInput(layerInput);

            /* 計算輸出並設為下一層輸入 */
            RealMatrix output = layer.getOutput(layerInput);
            layer.setOutput(output);

            /*
                無需深複製，但要知道每一層輸入
                與前一層輸出共用記憶體
            */
            layerInput = output;
        }
        /* layerInput 保存最終輸出 ... 取得一個深複製 */
        return layerInput.copy();
    }

    @Override
    protected void update(RealMatrix input, RealMatrix target,
                          RealMatrix output) {
```

```
        /* 取得網路誤差梯度並開始回傳 */
        RealMatrix layerError = getLossFunction()
                                .getLossGradient(output, target).copy();

        /* 建構清單迭代程序並將游標指向最後！ */
        ListIterator li = layers.listIterator(layers.size());

        while (li.hasPrevious()) {
            NetworkLayer layer = (NetworkLayer) li.previous();
            /* 從高層取得誤差輸入 */
            layer.setOutputError(layerError);
            /* 向前傳遞誤差並更新權重 */
            layer.update();
            /* 將誤差傳到下一層 */
            layerError = layer.getInputError();
        }
    }
}
```

MNIST 範例

MNIST 這個經典手寫數字資料集通常用於測試學習演算法。我們使用具有兩個隱藏層的簡單網路取得了 94 百分比的精確度：

```
MNIST mnist = new MNIST();

DeepNetwork network = new DeepNetwork();

/* 輸入、隱藏與輸出層 */
network.addLayer(new NetworkLayer(784, 500, new TanhOutputFunction(),
    new GradientDescentMomentum(0.0001, 0.95)));

network.addLayer(new NetworkLayer(500, 300, new TanhOutputFunction(),
    new GradientDescentMomentum(0.0001, 0.95)));

network.addLayer(new NetworkLayer(300, 10, new SoftmaxOutputFunction(),
    new GradientDescentMomentum(0.0001, 0.95)));

/* 執行期參數 */
network.setLossFunction(new SoftMaxCrossEntropyLossFunction());
network.setMaxIterations(6000);
network.setTolerance(10E-9);
network.setBatchSize(100);
```

```
/* 學習 */
network.learn(mnist.trainingData, mnist.trainingLabels);

/* 預測 */
RealMatrix prediction = network.predict(mnist.testingData);

/* 計算精確度 */
ClassifierAccuracy accuracy =
    new ClassifierAccuracy(prediction, mnist.testingLabels);

/* 結果 */
network.isConverged(); // false
network.getNumIterations(); // 10000
network.getLoss(); // 0.00633
accuracy.getAccuracy(); // 0.94
```

Hadoop MapReduce

你會在需要低階控制且想要最佳化或精簡大資料時以 Java 撰寫 MapReduce 的 job。不一定要使用 MapReduce，但這麼做有好處，因為它是設計良好的系統與 API。基礎學習能讓你走得更遠更快，但在自行撰寫 MapReduce 的 job 前，不要忽略 Apache Drill 等工具能讓你在 Hadoop 上撰寫標準 SQL 查詢。

這一章假設你的電腦上已經裝好 Hadoop Distributed File System（HDFS）或能夠存取 Hadoop 叢集。要模擬真正的 MapReduce 的 job，我們可以在你的主機或遠端機器的一個節點上執行 pseudodistributed 模式的 Hadoop。考慮到最近的盒子（膝上型）有多少 CPU、RAM 與儲存空間，基本上可以建構能執行相當多分散式工作的迷你電腦。你可以在自己的機器上（對一部分資料）執行一些工作，然後在應用程式就緒後放大到整個叢集。

若正確安裝了 Hadoop 用戶端，你可以輸入以下指令以列出所有可用的 Hadoop 操作：

```
bash$ hadoop
```

Hadoop Distributed File System（HDFS）

Apache Hadoop 有個命令列工具可存取 Hadoop 檔案系統並啟動 MapReduce 的 job。檔案系統存取命令 fs 的叫用如下：

```
bash$ hadoop fs <command> <args>
```

命令是前面加上減號的 `ls`、`cd`、`mkdir` 等標準的 Unix 檔案系統命令。舉例來說，若要列出 HDFS 根目錄中的所有項目，輸入：

```
bash$ hadoop fs -ls /
```

請注意，使用 / 代表根。若沒有引用它，命令沒有回傳會讓你以為 HDFS 是空的！輸入 `hadoop fs` 會輸出所有可用的檔案系統操作。有一些命令可複製 HDFS 的資料、刪除目錄與合併目錄中的資料。

複製本機檔案到 Hadoop 檔案系統：

```
bash$ hadoop fs -copyFromLocal <localSrc> <dest>
```

從 HDFS 複製檔案到你的磁碟：

```
bash$ hadoop fs -copyToLocal <hdfsSrc> <localDest>
```

MapReduce 的 job 完成後輸出目錄下可能會有很多檔案。相較於逐個讀取，Hadoop 有個操作可合併檔案然後儲存在本機：

```
bash$ hadoop fs -getmerge <hdfs_output_dir> <my_local_dir>
```

執行 MapReduce 的 job 的一項基本操作是先刪除輸出目錄，因為若 MapReduce 發現輸出目錄則會立即失敗：

```
bash$ hadoop fs -rm rf <hdfs_dir>
```

MapReduce 架構

MapReduce 使用分散式計算的難堪平行典範。一開始，資料被分段，分段被送到相同的對應程序類別從資料中逐行擷取鍵 - 值對。然後鍵值對被分割成儲存清單的鍵 - 清單對。通常，分割的數量等於歸納 job 的數量，但不是絕對的。事實上，多個鍵 - 清單群可在相同的分割與歸納程序上，但每個鍵 - 清單群不會跨分割或歸納程序。MapReduce 架構的資料流程如圖 6-1 所示。

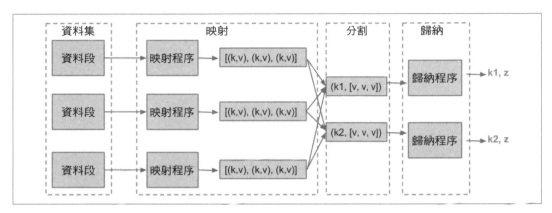

圖 6-1 MapReduce 架構

舉例來說，若資料如下：

```
San Francisco, 2012
New York, 2012
San Francisco, 2017
New York, 2015
New York, 2016
```

映射程序會對資料集的每一行輸出像是（San Francisco, 2012）這樣的鍵值對，然後分割會依鍵搜集資料並將值清單排序：

```
(San Francisco, [2012, 2017])
(New York, [2012, 2015, 2016])
```

我們可以指定歸納程序的函式輸出最大年份，使最終輸出（寫入輸出目錄）像這樣：

```
San Francisco, 2017
New York, 2016
```

請注意，Hadoop MapReduce API 可以使用組合鍵並自定分割鍵與儲存值的比較程序。

撰寫 MapReduce 應用程式

雖然 Hadoop 系統有幾種儲存與存取資料的方式，我們會專注於純文字檔案。無論資料是以字串、CSV、TSV 或 JSON 儲存，我們可以輕鬆的讀取、分享與操作資料。Hadoop 還提供其自有的 Sequence 與 Map 檔案格式的讀寫，而你可能會想要探索各種第三方序列化格式，像是 Apache Avro、Apache Thrift、Google Protobuf、Apache Parquet 等。這些格式都各有其操作與效率上的優點，但必須考慮到複雜性的提高。

解析 MapReduce 的 job

一個基本的 MapReduce 的 job 僅有幾個基本的功能，主要是覆寫 run() 方法加入 Job 類別的 singleton 實例：

```
public class BasicMapReduceExample extends Configured implements Tool {

    public static void main(String[] args) throws Exception {
        int exitCode = ToolRunner.run(new BasicMapReduceExample(), args);
        System.exit(exitCode);
    }

    @Override
    public int run(String[] args) throws Exception {

        Job job = Job.getInstance(getConf());
        job.setJarByClass(BasicMapReduceExample.class);
        job.setJobName("BasicMapReduceExample");

        FileInputFormat.addInputPath(job, new Path(args[0]));
        FileOutputFormat.setOutputPath(job, new Path(args[1]));

        return job.waitForCompletion(true) ? 0 : 1;
    }

}
```

請注意，由於我們沒有定義任何 Mapper 或 Reducer 類別，此 job 會使用不變的複製輸入檔案到輸出目錄的的類別。在深入自定 Mapper 與 Reducer 類別前，我們必須先認識 Hadoop MapReduce 所需的資料型別。

Hadoop 資料型別

資料必須以可靠與有效率的格式在 MapReduce 系統中傳遞。不幸的是（根據 Hadoop 作者所述），Java 的原始型別（例如 boolean、int、double）與更複雜的型別（例如 String、Map）不能很好的傳遞！因此，Hadoop 生態系有自己的可靠序列化型別供所有 MapReduce 應用程式使用。請注意，所有正規 Java 型別在我們的 MapReduce 程式中都可用，只是 MapReduce 元件間（映射與歸納程序）的連結必須將原生 Java 型別轉換成 Hadoop 型別。

Writable 與 WritableComparable 型別

Java 原始型別都可用類別表示，但最有用的是 Boolean、Writable、IntWritable、LongWritable 與 DoubleWritable。Java 的 String 型別以 Text 表示。空以 NullWritable 表示，這在沒有資料於 MapReduce 的 job 內傳遞特定鍵或值時很方便。甚至還有個 MD5Hash 型別可用於對應 userid 或其他獨特識別的雜湊鍵。還有個 MapWritable 可建構 Writable 的 HashMap。這些型別都是可比較的（有 hash() 與 equals() 方法能在 MapReduce 的 job 內進行比較與排序）。當然，還有其他型別，但以上是比較有用的。一般來說，Hadoop 型別以 Java 原始型別作為建構元參數：

```
int count = 42;
IntWritable countWritable = new IntWritable(count);

String data = "The is a test string";
Text text = new Text(data);
```

請注意，用於 Mapper 與 Reducer 類別程式內部的 Java 型別。僅有鍵與值輸入與輸出必須使用 Hadoop 的可寫（若為鍵則是可寫與可比較）型別，因為這是 MapReduce 元件間傳遞資料的方式。

自定 Writable 與 WritableComparable 型別

有時我們需要 Hadoop 沒有的特別型別。一般來說，Hadoop 型別必須實作 Writable，它以 write() 方法處理物件的序列化與 read() 方法處理解序列化。但若物件會作為鍵，它必須實作 WritableComparable，因為分割與排序時需要 compareTo() 與 hashCode() 方法。

Writable。由於 Writable 界面只有 write() 與 readFields() 兩個方法,自定的 writable 只需覆寫這些方法。但可以加入取用參數的建構元,使我們能以前面的範例中建構 IntWritable 與 Text 實例的方式初始化物件。此外,若加入靜態的 read() 方法,我們會需要無參數的建構元:

```java
public class CustomWritable implements Writable {

    private int id;
    private long timestamp;

    public CustomWritable() {
    }

    public CustomWritable(int id, long timestamp) {
        this.id = id;
        this.timestamp = timestamp;
    }

    public void write(DataOutput out) throws IOException {
        out.writeInt(id);
        out.writeLong(timestamp);
    }

    public void readFields(DataInput in) throws IOException {
        id = in.readInt();
        timestamp = in.readLong();
    }

    public static CustomWritable read(DataInput in) throws IOException {
        CustomWritable w = new CustomWritable();
        w.readFields(in);
        return w;
    }
}
```

WritableComparable。若自定的 writable 會用於鍵,除了 write() 與 readFields() 方法外,我們還需要 hashCode() 與 compareTo() 方法:

```java
public class CustomWritableComparable implements WritableComparable {

    private int id;
    private long timestamp;

    public CustomWritable() {
    }
```

```
    public CustomWritable(int id, long timestamp) {
        this.id = id;
        this.timestamp = timestamp;
    }

    public void write(DataOutput out) throws IOException {
        out.writeInt(id);
        out.writeLong(timestamp);
    }

    public void readFields(DataInput in) throws IOException {
        id = in.readInt();
        timestamp = in.readLong();
    }

    public int compareTo(CustomWritableComparable o) {
        int thisValue = this.value;
        int thatValue = o.value;
        return (thisValue < thatValue ? -1 : (thisValue==thatValue ? 0 : 1));
    }

    public int hashCode() {
        final int prime = 31;
        int result = 1;
        result = prime * result + id;
        result = prime * result + (int) (timestamp ^ (timestamp >>> 32));
        return result
    }
}
```

Mapper

Mapper 類別將預設輸入資料映射為通常較小的新資料結構。一般來說,你只需要部分資料而不是輸入檔案中每一行的每一段資料。在某些狀況下,行可能會整個拋棄。什麼資料會進入下一輪的處理是你的選擇。將此步驟視為轉換與過濾原始資料成我們實際需要的部分的方法。若在一個 MapReduce 的 job 中沒有引用 Mapper 實例,則會預設使用 IdentityMapper,它只是直接將所有資料傳給歸納程序。若沒有歸納程序,輸入會直接複製成輸出。

泛用映射程序

Hadoop 已經有幾個常用的映射程序可用於 MapReduce 的 job。預設的是 IdentityMapper，它輸出與輸入完全相同的資料。InverseMapper 交換鍵與值。還有個 TokenCounterMapper 以 Text 與 IntWritable 輸出每個字符與計數作為鍵值對。RegexMapper 輸出正規表示式相符作為鍵以及常數值 1。若以上都不合你的應用程式所需，可以考慮自行撰寫映射程序實例。

自定映射程序

在 Mapper 類別中解析文字檔案與第一章所示的解析文字檔案差不多。唯一必須的方法是 map() 方法。map() 方法的基本目的是解析一行輸入並透過 context.write() 方法輸出一個鍵值對：

```java
public class ProductMapper extends
    Mapper<LongWritable, Text, IntWritable, Text> {

    @Override
    protected void map(LongWritable key, Text value, Context context)
        throws IOException, InterruptedException {
        try {

            /* 每一行為 <userID>, <productID>, <timestamp> */

            String[] items = value.toString().split(",");
            int userID = Integer.parseInt(items[0]);
            String productID = items[1];
            context.write(new IntWritable(userID), new Text(productID));

        } catch (NumberFormatException | IOException | InterruptedException e) {

            context.getCounter("mapperErrors", e.getMessage()).increment(1L);
        }
    }

}
```

還有 startup() 與 cleanup() 方法。startup() 方法在 Mapper 類別初始化時執行一次。你或許不需要它，但它在某些時候很方便，例如在呼叫 map() 方法而需要一個資料結構時。同樣的，你或許不需要 cleanup() 方法，它在最後一次呼叫 map() 後呼叫一次並用於執行清理動作。還有個 run() 方法，它執行實際的資料映射。沒有什麼理由需要覆寫此方法，除非有理由需要自行實作自定的 run() 方法否則最好不要動它。我們在前面的 "MapReduce 範例" 一節中顯示過如何利用 setup() 方法執行一些特別的計算。

要使用自定的映射程序，你必須在 MapReduce 應用程式中指定它並設定映射輸出的鍵與值型別：

```
job.setMapperClass(ProductMapper.class);
job.setMapOutputKeyClass(IntWritable.class);
job.setMapOutputValueClass(Text.class);
```

Reducer

Reducer 的工作是迭代與鍵相關聯的值清單並計算出單一輸出值。當然，只要有實作 Writable，我們可以自定 Reducer 的輸出型別以回傳任何東西。要注意的重點是每個歸納程序會處理至少一個鍵與它所有的值，因此你無需擔心某些屬於一個鍵的值被送到其他地方。歸納程序的數量也是輸出檔案的數量。

泛用歸納程序

若未指定 Reducer 實例，MapReduce 的 job 會直接將映射後的資料送到輸出。Hadoop 函式庫中有一些實用的歸納程序。IntSumReducer 與 LongSumReducer 各在 reduce() 方法中取用 IntWritable 與 LongWritable 整數，然後輸出所有值的加總。計數在 MapReduce 中很常見，因此提供這些便利的類別。

自定歸納程序

歸納程序的程式與映射程序有相似的結構。我們通常只需要覆寫 reduce()，偶爾在建構所有歸納程序都會用到的特定資料結構或檔案資源時使用 setup()。請注意，歸納程序的格式取用值型別的 Iterable，因為在映射階段後，所有特定鍵的資料在這裡分群與排序進入一個清單（Iterable）與輸出：

```
public class CustomReducer extends
    Reducer<IntWritable, Text, IntWritable, IntWritable>{

    @Override
    protected void reduce(IntWritable key, Iterable<Text> values,
        Context context) throws IOException, InterruptedException {

        int someValue = 0;

        /* iterate over the values and do something */
        for (Text value : values) {
            // 使用 value 作為 someValue 的參數
        }

        context.write(key, new IntWritable(someValue));

    }
```

Reducer 類別與其鍵和值輸出型別必須在 MapReduce 的 job 中指定：

```
job.setReducerClass(CustomReducer.class);
job.setOutputKeyClass(IntWritable.class);
job.setOutputValueClass(IntWritable.class);
```

JSON 字串與 Text

JSON 資料（檔案的每一列是個獨立的 JSON 字串）很常見，這是有原因的。許多工具能夠處理 JSON 資料，人眼能夠閱讀且內建的架構很有用。在 MapReduce 的世界中，使用 JSON 資料作為輸入資料就不需要自定 writable，因為 JSON 字串可於 Hadoop 的 Text 型別中序列化。此程序只需在 map() 方法中使用 JSONObject。不然你也可以建構一個類別來處理 value.toString() 以進行更複雜的映射。

```
public class JSONMapper extends Mapper<LongWritable, Text, Text, Text> {

    @Override
    protected void map(LongWritable key, Text value, Context context)
        throws IOException, InterruptedException {

        JSONParser parser = new JSONParser();
        try {
            JSONObject obj = (JSONObject) parser.parse(value.toString());

            // 從此物件取得所需資料
            String userID = obj.get("user_id").toString();
```

```
            String productID = obj.get("product_id").toString();
            int numUnits = Integer.parseInt(obj.get("num_units").toString());

            JSONObject output = new JSONObject();
            output.put("productID", productID);
            output.put("numUnits", numUnits);

            /* 可在此加入更多的鍵值對，包括陣列 */

            context.write(new Text(userID), new Text(output.toString()));


        } catch (ParseException ex) {
            // 解析 json 錯誤
        }

    }
}
```

這也能很好的從最終歸納程序輸出 Text 物件資料。最終資料檔案會是 JSON 格式以供其餘程序高效率的運用。現在歸納程序可以輸入 Text 鍵值對並以 JSONObject 處理 JSON。好處是我們無需對此資料結構建構複雜的自定 WritableComparable。

部署

執行 MapReduce 的 job 有很多選項與命令列開關。執行 job 前要記得先清除輸出目錄：

```
bash$ hadoop fs -rm -r <path>/output
```

執行獨立程式

你會看到（或許自行撰寫）一個帶有整個 MapReduce 的 job 的檔案。唯一的實際差別是你必須定義任何自定的 Mapper、Reducer、Writable 等為靜態。不然，機制都相同。很明顯的好處是有一個自洽的 job 而無需擔心相依性，所以無需擔心 JAR 等。只需建構 Java 檔案（從命令列使用 javac）並如下執行此類別：

```
bash$ hadoop BasicMapReduceExample input output
```

部署 JAR 應用程式

若 MapReduce 的 job 是一個帶有許多 job 的較大 JAR 中的一部分,你必須從 JAR 部署並指定 job 的完整 URI:

```
hadoop jar MyApp.jar com.datascience.BasicMapReduceExample input output
```

引入相依性

如下引入 MaprReduce 的 job 所需以逗號分隔的檔案清單:

```
-files file.dat, otherFile.txt, myDat.json
```

必要的 JAR 可使用逗號分隔的清單引入:

```
-libjars myJar.jar, yourJar.jar, math.jar
```

請注意,`-files` 與 `-libjars` 等命令列開關必須放在輸入與輸出等命令列參數之前。

以 BASH 腳本簡化

從命令列輸入這些文字可能出錯且又繁瑣。從 bash 歷史記錄找尋上個禮拜執行過的命令也是一樣。你可以對有輸入與輸出目錄等命令列參數,甚或指定類別的特定工作建構腳本。例如將所有命令放入一個可執行的 bash 腳本:

```bash
#!/bin/bash

# process command-line input and output dirs
INPUT=$1
OUTPUT=$2

# these are hardcoded for this script
LIBJARS=/opt/math3.jar, morejars.jar
FILES=/usr/local/share/meta-data.csv, morefiles.txt
APP_JAR=/usr/local/share/myApp.jar
APP_CLASS=com.myPackage.MyMapReduceJob

# clean the output dir
hadoop fs -rm -r $OUTPUT

# launch the job
hadoop jar $APP_JAR $APP_CLASS -files $FILES -libjars $LIBJARS $INPUT $OUTPUT
```

然後你只需要記得設定腳本為可執行（一次就好）：

```
bash$ chmod +x runMapReduceJob.sh
```

然後如下執行：

```
bash$ myJobs/runMapReduceJob.sh inputDirGoesHere outputDirGoesHere
```

或從腳本所在目錄執行：

```
bash$ ./runMapReduceJob.sh inputDirGoesHere outputDirGoesHere
```

MapReduce 範例

要真的掌握 MapReduce，你必須練習。沒有方法比開始使用並解決問題更能認識它如何運作。雖然此系統乍看之下很複雜，但你會逐漸發現它的美。以下是一些典型範例與一些有啟發性的計算。

詞計數

使用內建的 TokenCounterMapper 映射類別計算字符與使用內建的 IntSumReducer 歸納類別將整數加總：

```java
public class WordCountMapReduceExample extends Configured implements Tool {

    public static void main(String[] args) throws Exception {
        int exitCode = ToolRunner.run(new WordCountMapReduceExample(), args);
        System.exit(exitCode);
    }

    @Override
    public int run(String[] args) throws Exception {
        Job job = Job.getInstance(getConf());
        job.setJarByClass(WordCountMapReduceExample.class);
        job.setJobName("WordCountMapReduceExample");

        FileInputFormat.addInputPath(job, new Path(args[0]));
        FileOutputFormat.setOutputPath(job, new Path(args[1]));

        job.setMapperClass(TokenCounterMapper.class);
        job.setMapOutputKeyClass(Text.class);
        job.setMapOutputValueClass(IntWritable.class);
        job.setReducerClass(IntSumReducer.class);
        job.setOutputKeyClass(Text.class);
```

```
        job.setOutputValueClass(IntWritable.class);
        job.setNumReduceTasks(1);

        return job.waitForCompletion(true) ? 0 : 1;
    }
}
```

此 job 可在具有任何類型文字檔案的輸入目錄上執行：

```
hadoop jar MyApp.jar \\
com.datascience.WordCountMapReduceExample input output
```

輸出可如下檢視：

```
hadoop fs -cat output/part-r-00000
```

自定詞計數

我們會注意到內建的 TokenCounterMapper 類別沒有產生我們要的結果。可以使用第四章的 SimpleTokenizer 類別：

```
public class SimpleTokenMapper extends
    Mapper<LongWritable, Text, Text, LongWritable> {

    SimpleTokenizer tokenizer;

    @Override
    protected void setup(Context context) throws IOException {
        // 只記錄超過三個字元的詞
        tokenizer = new SimpleTokenizer(3);
    }

    @Override
    protected void map(LongWritable key, Text value, Context context)
    throws IOException, InterruptedException {

        String[] tokens = tokenizer.getTokens(value.toString());
        for (String token : tokens) {
            context.write(new Text(token), new LongWritable(1L));
        }

    }
}
```

Just be sure to set the appropriate changes in the job:

```
/* 映射程序設定 */
job.setMapperClass(SimpleTokenMapper.class);
job.setMapOutputKeyClass(Text.class);
job.setMapOutputValueClass(LongWritable.class);

/* 歸納程序設定 */
job.setReducerClass(LongSumReducer.class);
job.setOutputKeyClass(Text.class);
job.setOutputValueClass(LongWritable.class);
```

稀疏線性代數

想像有個大矩陣（稀疏或密集），其 i,j 座標與對應值都儲存於每一行格式為 <i,j,value> 的檔案中，此矩陣非常大而不能載入到 RAM 中供後續線性代數程序操作。我們的目標是與我們提供的輸入向量執行矩陣向量乘法，此向量已經序列化使 MapReduce 的 job 能夠引用。

想像我們已經在分散檔案系統的多個節點中儲存逗號（或 tab）分隔格式的文字檔案，若檔案的每一行資料儲存為 i,j,value 字串（例如 34, 290, 1 2362），則我們可以撰寫簡單的映射程序來解析每一行。在這種情況下，我們會執行矩陣除法，如你記得的，程序必須以相同長度的欄向量乘矩陣的每一列。然後每個輸出向量的位置 i 會用相對應矩陣列的相同索引。因此我們使用矩陣列 i 作為鍵。我們會建構保存矩陣每個項目的列索引、欄索引與值的自定 SparseMartixWritable：

```
public class SparseMatrixWritable implements Writable {
    int rowIndex; // i
    int columnIndex; // j
    double entry; // i,j 位置的值

    public SparseMatrixWritable() {
    }

    public SparseMatrixWritable(int rowIndex, int columnIndex, double entry) {
        this.rowIndex = rowIndex;
        this.columnIndex = columnIndex;
        this.entry = entry;
    }

    @Override
    public void write(DataOutput d) throws IOException {
        d.writeInt(rowIndex);
```

```
        d.writeInt(rowIndex);
        d.writeDouble(entry);
    }

    @Override
    public void readFields(DataInput di) throws IOException {
        rowIndex = di.readInt();
        columnIndex = di.readInt();
        entry = di.readDouble();
    }

}
```

有個自定的映射程序會讀取每一行文字並解析這三個值，使用列索引作為鍵與 SparseMatrixWritable 作為值：

```
public class SparseMatrixMultiplicationMapper
 extends Mapper<LongWritable, Text, IntWritable, SparseMatrixWritable> {

    @Override
    protected void map(LongWritable key, Text value, Context context)
        throws IOException, InterruptedException {
        try {
            String[] items = value.toString().split(",");
            int rowIndex = Integer.parseInt(items[0]);
            int columnIndex = Integer.parseInt(items[1]);
            double entry = Double.parseDouble(items[2]);
            SparseMatrixWritable smw = new SparseMatrixWritable(
            rowIndex, columnIndex, entry);
            context.write(new IntWritable(rowIndex), smw);
            // 請注意，可以加入另一個 context.write()
            // 例如矩陣是稀疏上三角時輸出平衡矩陣項目
        } catch (NumberFormatException | IOException | InterruptedException e) {
            context.getCounter("mapperErrors", e.getMessage()).increment(1L);
        }
    }
}
```

歸納程序必須在 setup() 方法中載入輸入向量然後在 reduce() 方法從 SparseMatrix Writable 的清單中擷取欄索引，將它們加入稀疏向量。輸入向量與稀疏向量的點乘積產生該鍵的輸出值（該索引位置產生向量的值）。

```
public class SparseMatrixMultiplicationReducer extends Reducer<IntWritable,
                    SparseMatrixWritable, IntWritable, DoubleWritable>{
```

```java
private RealVector vector;

@Override
protected void setup(Context context)
    throws IOException, InterruptedException {

    /* RealVector 物件解序列化 */

    // 請注意，這這是檔案名稱
    // 請在目的快取引入資源本身
    // 執行期透過 -files
    // 在 Job 的組態設定檔案名稱
    // set("vectorFileName", "actual file name here")
    // NOTE this is just the filename

    String vectorFileName = context.getConfiguration().get("vectorFileName");
    try (ObjectInputStream in = new ObjectInputStream(
    new FileInputStream(vectorFileName))) {
        vector = (RealVector) in.readObject();
    } catch(ClassNotFoundException e) {
        // 錯誤
    }
}

@Override
protected void reduce(IntWritable key, Iterable<SparseMatrixWritable> values,
Context context)
    throws IOException, InterruptedException {

    /* 依靠 rowVector 維度 == 輸入向量維度 */
    RealVector rowVector = new OpenMapRealVector(vector.getDimension());

    for (SparseMatrixWritable value : values) {
        rowVector.setEntry(value.columnIndex, value.entry);
    }

    double dotProduct = rowVector.dotProduct(vector);

    /* 只寫入非零輸出，
    因為矩陣 - 向量乘積或許是稀疏的 */
    if(dotProduct != 0.0) {
        /* 輸出向量索引與其值 */
        context.write(key, new DoubleWritable(dotProduct));
    }
}
}
```

此 job 可設置為如下執行：

```
public class SparseAlgebraMapReduceExample extends Configured implements Tool {

    public static void main(String[] args) throws Exception {
        int exitCode = ToolRunner.run(new SparseAlgebraMapReduceExample(), args);
        System.exit(exitCode);
    }

    @Override
    public int run(String[] args) throws Exception {
        Job job = Job.getInstance(getConf());
        job.setJarByClass(SparseAlgebraMapReduceExample.class);
        job.setJobName("SparseAlgebraMapReduceExample");

        // 第三個命令列參數是序列化向量檔案的路徑
        job.getConfiguration().set("vectorFileName", args[2]);

        FileInputFormat.addInputPath(job, new Path(args[0]));
        FileOutputFormat.setOutputPath(job, new Path(args[1]));

        job.setMapperClass(SparseMatrixMultiplicationMapper.class);
        job.setMapOutputKeyClass(IntWritable.class);
        job.setMapOutputValueClass(SparseMatrixWritable.class);
        job.setReducerClass(SparseMatrixMultiplicationReducer.class);
        job.setOutputKeyClass(IntWritable.class);
        job.setOutputValueClass(DoubleWritable.class);
        job.setNumReduceTasks(1);

        return job.waitForCompletion(true) ? 0 : 1;
    }
}
```

以此命令執行：

```
hadoop jar MyApp.jar \\
com.datascience.SparseAlgebraMapReduceExample \\
-files /<path>/RandomVector.ser input output RandomVector.ser
```

以此檢視輸出：

```
hadoop fs -cat output/part-r-00000
```

資料集

所有資料都儲存在 *src/main/resources/datasets*。Java 類別程式碼儲存在 *src/main/java*，而使用者資源儲存在 *src/main/resources*。一般來說，我們使用 JAR 載入程序的功能，直接從 JAR 讀取檔案內容而不是從檔案系統讀取。

安斯庫姆四重奏

安斯庫姆四重奏是一組四個 *x-y* 配對加上屬性的資料。雖然每個 x-y 對看起來完全不同，但資料屬性使條件量幾乎相同。每個四 x-y 資料值的序列見表 A-1。

表 A-1　安斯庫姆四重奏資料

x1	y1	x2	y2	x3	y3	x4	y4
10.0	8.04	10.0	9.14	10.0	7.46	8.0	6.58
8.0	6.95	8.0	8.14	8.0	6.77	8.0	5.76
13.0	7.58	13.0	8.74	13.0	12.74	8.0	7.71
9.0	8.81	9.0	8.77	9.0	7.11	8.0	8.84
11.0	8.33	11.0	9.26	11.0	7.81	8.0	8.47
14.0	9.96	14.0	8.10	14.0	8.84	8.0	7.04
6.0	7.24	6.0	6.13	6.0	6.08	8.0	5.25
4.0	4.26	4.0	3.10	4.0	5.39	19.0	12.50
12.0	10.84	12.0	9.13	12.0	8.15	8.0	5.56
7.0	4.82	7.0	7.26	7.0	6.42	8.0	7.91
5.0	5.68	5.0	4.74	5.0	5.73	8.0	6.89

我們可以將資料寫死成類別的靜態成員：

```java
public class Anscombe {
    public static final double[] x1 = {10.0, 8.0, 13.0, 9.0, 11.0,
                                        14.0, 6.0, 4.0, 12.0, 7.0, 5.0};
    public static final double[] y1 = {8.04, 6.95, 7.58, 8.81, 8.33,
                                        9.96, 7.24, 4.26, 10.84, 4.82, 5.68};
    public static final double[] x2 = {10.0, 8.0, 13.0, 9.0, 11.0,
                                        14.0, 6.0, 4.0, 12.0, 7.0, 5.0};
    public static final double[] y2 = {9.14, 8.14, 8.74, 8.77, 9.26,
                                        8.10, 6.13, 3.10, 9.13, 7.26, 4.74};
    public static final double[] x3 = {10.0, 8.0, 13.0, 9.0, 11.0,
                                        14.0, 6.0, 4.0, 12.0, 7.0, 5.0};
    public static final double[] y3 = {7.46, 6.77, 12.74, 7.11, 7.81,
                                        8.84, 6.08, 5.39, 8.15, 6.42, 5.73};
    public static final double[] x4 = {8.0, 8.0, 8.0, 8.0, 8.0, 8.0,
                                        8.0, 19.0, 8.0, 8.0, 8.0};
    public static final double[] y4 = {6.58, 5.76, 7.71, 8.84, 8.47,
                                        7.04, 5.25, 12.50, 5.56, 7.91, 6.89};
}
```

然後我們可以呼叫任何陣列：

```java
double[] x1 = Anscombe.x1;
```

Sentiment

這是來自 *https://archive.ics.uci.edu/ml/datasets/Sentiment+Labelled+Sentences* 的資料集。下載三個檔案並放在 *src/main/resources/datasets/sentiment*。它們的資料來自 IMDb、Yelp 與 Amazon。它有一個單句，後面是 tab 分隔的 0 或 1 表示正負值。並非所有的句子有相對應的標籤。

IMDb 有 1000 個句子，其中 500 個為正（1）與 500 個為負（0）。Yelp 有 3729 個句子，其中 500 個為正（1）與 500 個為負（0）。Amazon 有 15004 個句子，其中 500 個為正（1）與 500 個為負（0）：

```java
public class Sentiment {

    private final List<String> documents = new ArrayList<>();
    private final List<Integer> sentiments = new ArrayList<>();
    private static final String IMDB_RESOURCE =
    "/datasets/sentiment/imdb_labelled.txt";
    private static final String YELP_RESOURCE =
```

```
    "/datasets/sentiment/yelp_labelled.txt";
private static final String AMZN_RESOURCE =
    "/datasets/sentiment/amazon_cells_labelled.txt";
public enum DataSource {IMDB, YELP, AMZN};

public Sentiment() throws IOException {
    parseResource(IMDB_RESOURCE); // 1000 個句子
    parseResource(YELP_RESOURCE); // 1000 個句子
    parseResource(AMZN_RESOURCE); // 1000 個句子
}

public List<Integer> getSentiments(DataSource dataSource) {
    int fromIndex = 0; // 含
    int toIndex = 3000; // 不含
    switch(dataSource) {
        case IMDB:
            fromIndex = 0;
            toIndex = 1000;
            break;
        case YELP:
            fromIndex = 1000;
            toIndex = 2000;
            break;
        case AMZN:
            fromIndex = 2000;
            toIndex = 3000;
            break;
    }
    return sentiments.subList(fromIndex, toIndex);
}

public List<String> getDocuments(DataSource dataSource) {
    int fromIndex = 0; // 含
    int toIndex = 3000; // 不含
    switch(dataSource) {
        case IMDB:
            fromIndex = 0;
            toIndex = 1000;
            break;
        case YELP:
            fromIndex = 1000;
            toIndex = 2000;
            break;
        case AMZN:
            fromIndex = 2000;
            toIndex = 3000;
```

```
                break;
            }
        return documents.subList(fromIndex, toIndex);
    }

    public List<Integer> getSentiments() {
        return sentiments;
    }

    public List<String> getDocuments() {
        return documents;
    }

    private void parseResource(String resource) throws IOException {
        try(InputStream inputStream = getClass().getResourceAsStream(resource)) {
            BufferedReader br =
                new BufferedReader(new InputStreamReader(inputStream));
            String line;
            while ((line = br.readLine()) != null) {
                String[] splitLine = line.split("\t");
                // yelp 與 amzn 都有很多沒有標籤的句子
                if (splitLine.length > 1) {
                    documents.add(splitLine[0]);
                    sentiments.add(Integer.parseInt(splitLine[1]));
                }
            }
        }
    }
}
```

高斯混合

產生多變量常態分佈資料的混合：

```
public class MultiNormalMixtureDataset {
    int dimension;
    List<Pair<Double, MultivariateNormalDistribution>> mixture;
    MixtureMultivariateNormalDistribution mixtureDistribution;

    public MultiNormalMixtureDataset(int dimension) {
        this.dimension = dimension;
        mixture = new ArrayList<>();
    }

    public MixtureMultivariateNormalDistribution getMixtureDistribution() {
```

```
        return mixtureDistribution;
}

public void createRandomMixtureModel(
int numComponents, double boxSize, long seed) {
    Random rnd = new Random(seed);
    double limit = boxSize / dimension;
    UniformRealDistribution dist =
        new UniformRealDistribution(-limit, limit);
    UniformRealDistribution disC = new UniformRealDistribution(-1, 1);
    dist.reseedRandomGenerator(seed);
    disC.reseedRandomGenerator(seed);

    for (int i = 0; i < numComponents; i++) {
        double alpha = rnd.nextDouble();
        double[] means = dist.sample(dimension);
        double[][] cov = getRandomCovariance(disC);
        MultivariateNormalDistribution multiNorm =
        new MultivariateNormalDistribution(means, cov);
        addMultinormalDistributionToModel(alpha, multiNorm);
    }

    mixtureDistribution = new MixtureMultivariateNormalDistribution(mixture);
    mixtureDistribution.reseedRandomGenerator(seed);
    // 呼叫 sample() 會回傳相同結果
}


/**
 * 請注意，這加入內部與外部，distros 已知但
 * 必須指出加入 mixture 到 mixtureDistribution 的方式！！！
 * @param alpha
 * @param dist
 */
public void addMultinormalDistributionToModel(
double alpha, MultivariateNormalDistribution dist) {
    // 請注意，所有 alpha 會是 L1 常態
    mixture.add(new Pair(alpha, dist));
}

public double[][] getSimulatedData(int size) {
    return mixtureDistribution.sample(size);
}

private double[] getRandomMean(int dimension, double boxSize, long seed) {
    double limit = boxSize / dimension;
    UniformRealDistribution dist =
```

```
              new UniformRealDistribution(-limit, limit);
        dist.reseedRandomGenerator(seed);
        return dist.sample(dimension);
    }

    private double[][] getRandomCovariance(AbstractRealDistribution dist) {
        double[][] data = new double[2*dimension][dimension];
        double determinant = 0.0;
        Covariance cov = new Covariance();
        while(Math.abs(determinant) == 0) {
            for (int i = 0; i < data.length; i++) {
                data[i] = dist.sample(dimension);
            }
            // 檢查 cov 矩陣是否為奇異點 ... 若是則繼續
            cov = new Covariance(data);
            determinant = new CholeskyDecomposition(
            cov.getCovarianceMatrix()).getDeterminant();

        }
        return cov.getCovarianceMatrix().getData();
    }

}
```

Iris

這是著名的資料集，有三種型別：

```
package com.datascience.javabook.datasets;

import java.io.BufferedReader;
import java.io.FileReader;
import java.io.IOException;
import java.util.ArrayList;
import java.util.List;


/**
 * Sentiment-labeled sentences
 * https://archive.ics.uci.edu/ml/datasets/Sentiment+Labelled+Sentences
 * @author mbrzusto
 */
public class IMDB {

    private final List<String> documents = new ArrayList<>();
```

```
    private final List<Integer> sentiments = new ArrayList<>();
    private static final String FILEPATH = "datasets/imdb/imdb_labelled.txt";

    public IMDB() throws IOException {
        ClassLoader classLoader = getClass().getClassLoader();
        String filename = classLoader.getResource(FILEPATH).getFile();
        try(BufferedReader br = new BufferedReader(new FileReader(filename))) {
            String line;
            while ((line = br.readLine()) != null) {
                String[] splitLine = line.split("\t");
                documents.add(splitLine[0]);
                sentiments.add(Integer.parseInt(splitLine[1]));
            }
        }
    }

    public List<Integer> getSentiments() {
        return sentiments;
    }

    public List<String> getDocuments() {
        return documents;
    }
}
```

MNIST

Modified National Institute of Standards（MNIST）資料庫是著名的手寫數字資料集，有 70000 個 0 到 9 的圖形，其中 60000 個是訓練集，10000 個是測試集。前 5000 個很好辨識，後 5000 個難以閱讀。所有資料都有標示。

檔案中的所有整數以 MSB（最高位）優先（高 endian）這種非 Intel 處理器使用的格式儲存。Intel 處埋器與其他低 endian 機器的使用者必須翻轉標頭的位元組。

有四個檔案：

- *train-images-idx3-ubyte*：訓練集圖形

- *train-labels-idx1-ubyte*：訓練集標籤

- *t10k-images-idx3-ubyte*：測試集圖形

- *t10k-labels-idx1-ubyte*：測試集標籤

訓練集有 60,000 個範例,測試集有 10,000 個範例。測試集的前 5,000 個範例來自原始的 MNIST 訓練集。後 5,000 個來自原始的 MNIST 測試集。前 5,000 個較後 5,000 個乾淨且容易閱讀。

```java
public class MNIST {

    public RealMatrix trainingData;
    public RealMatrix trainingLabels;
    public RealMatrix testingData;
    public RealMatrix testingLabels;

    public MNIST() throws IOException {
        trainingData = new BlockRealMatrix(60000, 784); // 圖形轉向量
        trainingLabels = new BlockRealMatrix(60000, 10); // 獨熱標籤
        testingData = new BlockRealMatrix(10000, 784); // 圖形轉向量
        testingLabels = new BlockRealMatrix(10000, 10); // 獨熱標籤
        loadData();
    }

    private void loadData() throws IOException {
        ClassLoader classLoader = getClass().getClassLoader();
        loadTrainingData(classLoader.getResource(
        "datasets/mnist/train-images-idx3-ubyte").getFile());
        loadTrainingLabels(classLoader.getResource(
        "datasets/mnist/train-labels-idx1-ubyte").getFile());
        loadTestingData(classLoader.getResource(
        "datasets/mnist/t10k-images-idx3-ubyte").getFile());
        loadTestingLabels(classLoader.getResource(
        "datasets/mnist/t10k-labels-idx1-ubyte").getFile());
    }

    private void loadTrainingData(String filename)
    throws FileNotFoundException, IOException {
        try (DataInputStream di = new DataInputStream(
        new BufferedInputStream(new FileInputStream(filename)))) {
            int magicNumber = di.readInt(); //2051
            int numImages = di.readInt(); // 60000
            int numRows = di.readInt(); // 28
            int numCols = di.readInt(); // 28
            for (int i = 0; i < numImages; i++) {
                for (int j = 0; j < 784; j++) {
                    // values are 0 to 255, so normalize
                    trainingData.setEntry(i, j, di.readUnsignedByte() / 255.0);
                }
            }
        }
```

```java
    }

    private void loadTestingData(String filename)
    throws FileNotFoundException, IOException {
        try (DataInputStream di = new DataInputStream(
        new BufferedInputStream(new FileInputStream(filename)))) {
            int magicNumber = di.readInt(); //2051
            int numImages = di.readInt(); // 10000
            int numRows = di.readInt(); // 28
            int numCols = di.readInt(); // 28
            for (int i = 0; i < numImages; i++) {
                for (int j = 0; j < 784; j++) {
                    // values are 0 to 255, so normalize
                    testingData.setEntry(i, j, di.readUnsignedByte() / 255.0);
                }
            }
        }
    }

    private void loadTrainingLabels(String filename)
    throws FileNotFoundException, IOException {
        try (DataInputStream di = new DataInputStream(
        new BufferedInputStream(new FileInputStream(filename)))) {
            int magicNumber = di.readInt(); //2049
            int numImages = di.readInt(); // 60000
            for (int i = 0; i < numImages; i++) {
                // one-hot-encoding, column of 0-9 is given one all else 0
                trainingLabels.setEntry(i, di.readUnsignedByte(), 1.0);
            }
        }
    }

    private void loadTestingLabels(String filename)
    throws FileNotFoundException, IOException {
        try (DataInputStream di = new DataInputStream(
        new BufferedInputStream(new FileInputStream(filename)))) {
            int magicNumber = di.readInt(); //2049
            int numImages = di.readInt(); // 10000
            for (int i = 0; i < numImages; i++) {
                // one-hot-encoding, column of 0-9 is given one all else 0
                testingLabels.setEntry(i, di.readUnsignedByte(), 1.0);
            }
        }
    }

}
```

索引

※提醒您：由於翻譯書排版的關係，部份索引名詞的對應頁碼會和實際頁碼有一頁之差。

D

關於作者

Michael Brzustowicz 是個擅長資料科學的物理學者,專精於建構分散式資料系統以及從大量資料擷取知識。他大部分的時間用於撰寫處理大數據的統計模型與機器學習的自定多執行緒程式碼,目前在舊金山大學教授資料科學。

出版記事

封面上的動物是小鷸(jack snipe,學名 *Lymnocryptes minimus*),是一種在英國、非洲、印度和靠近地中海的國家的沿海地區、沼澤地、濕草地和沼澤地發現的一種小型涉禽。它們在北歐和俄羅斯遷徙和繁殖。小鷸是最小的鷸類,長 7 ~ 10 英寸,重 1.2 ~ 2.6 盎司。它們有斑駁的褐色羽毛,在飛行過程中可見白色的腹部和黃色的條紋。小鷸大部分時間在水邊,在淺水中行走,穿越泥灘尋找食物:昆蟲,蠕蟲,幼蟲,植物和種子。狹長的喙可幫助它們從地上綴取食物。

在求偶期間,雄性小鷸在空中進行展示,並發出聽起來有點像奔馬的求偶叫聲。雌性在地上築巢,產下 3 ~ 4 個蛋。由於其羽毛的偽裝效果和隱蔽的巢穴位置,在野外可能難以觀察到小鷸。

許多歐萊禮叢書封面的動物瀕臨滅絕;它們全部都對這個世界很重要。想知道如何幫助它們請見 *animals.oreilly.com*。

封面圖畫出自 *Wood's Illustrated Natural History*。

Java 資料科學｜科學與工程實務方法

作　　者：Michael Brzustowicz
譯　　者：楊尊一
企劃編輯：蔡彤孟
文字編輯：詹祐甯
設計裝幀：陶相騰
發 行 人：廖文良

發 行 所：碁峰資訊股份有限公司
地　　址：台北市南港區三重路 66 號 7 樓之 6
電　　話：(02)2788-2408
傳　　真：(02)8192-4433
網　　站：www.gotop.com.tw
書　　號：A554
版　　次：2018 年 06 月初版
建議售價：NT$480

國家圖書館出版品預行編目資料

Java 資料科學：科學與工程實務方法 / Michael Brzustowicz 原著
；楊尊一譯. -- 初版. -- 臺北市：碁峰資訊, 2018.06
　　面；　　公分
　　譯自：Data Science with Java
　　ISBN 978-986-476-817-2(平裝)
　　1.Java(電腦程式語言)　2.資料結構
312.32J3　　　　　　　　　　　　　　　　107007259

讀者服務

● 感謝您購買碁峰圖書，如果您
對本書的內容或表達上有不清
楚的地方或其他建議，請至碁
峰網站：「聯絡我們」\「圖書問
題」留下您所購買之書籍及問
題。(請註明購買書籍之書號及
書名，以及問題頁數，以便能
儘快為您處理)
http://www.gotop.com.tw

● 售後服務僅限書籍本身內容，
若是軟、硬體問題，請您直接
與軟體廠商聯絡。

● 若於購買書籍後發現有破損、
缺頁、裝訂錯誤之問題，請直
接將書寄回更換，並註明您的
姓名、連絡電話及地址，將有
專人與您連絡補寄商品。

● 歡迎至碁峰購物網
http://shopping.gotop.com.tw
選購所需產品。